手嶋龍一
Ryuichi Teshima

汝の名はスパイ、裏切り者、あるいは詐欺師

インテリジェンス畸人伝

マガジンハウス

汝の名はスパイ、裏切り者、あるいは詐欺師

インテリジェンス畸人伝

トランプ大統領を生んだインテリジェンス力

トランプ大統領誕生の報に接して、「パナマ文書」が秘めていた起爆力に言い知れぬ戦慄を覚えた。中米パナマに本拠を置いて富裕層をタックスヘイブンへ誘った法律事務所から漏洩した機密情報。それは世界の大富豪や独裁者が巨万の富をカリブ海の島々などに隠している実態を生々しく暴き出した。「パナマ文書」こそ、額に汗して働く庶民の怒りに火を点け、その炎はめらめらと燃え広がった。超大国アメリカでも、プア・ホワイトと呼ばれる人々が、民主党を見限り、共和党のトランプ陣営に雪崩れ込んでいった。だが不動産王トランプこそ五〇〇〇億円を超える資産を持ち、納税申告書の公表を拒み続ける超富裕層に他ならない。何という皮肉なのだろう。

一方で国家機密を認めないアサンジの「ウィキリークス」は、ヒラリーの国務長官時代のメール三万通余りを暴露した。メール問題こそ選挙に弱い彼女を最終盤まで苦しめ、敗北の引き金となった。いまもロンドンで亡命生活を送るアサンジは、人種差別発言を繰り返す暴言王に手を貸す意図などなかったはずだ。これまた何という皮肉なのか。これら世紀のリークがアメリカに稀代のアウトサイダー政権を誕生させたことに誰より衝撃を受け、そのインテリジェンス力に当惑しているのも機密を洩らした張本人たちだろう。

目次

第一章 「パナマ文書」の紳士録 9

第二章 「パナマの仕立屋」の世界 41

第三章
パーフェクト・スパイの迷宮
ジョン・ル・カレ、ロニー・コーンウェル

第四章 伝説のスパイの原像 103

ジョン・ル・カレ、ジョン・ビンガム、ヴィヴィアン・グリーン

第五章 裏切りの風土——ダブル・エージェントとは何者か—— 135

キム・フィルビー、ニコラス・エリオット

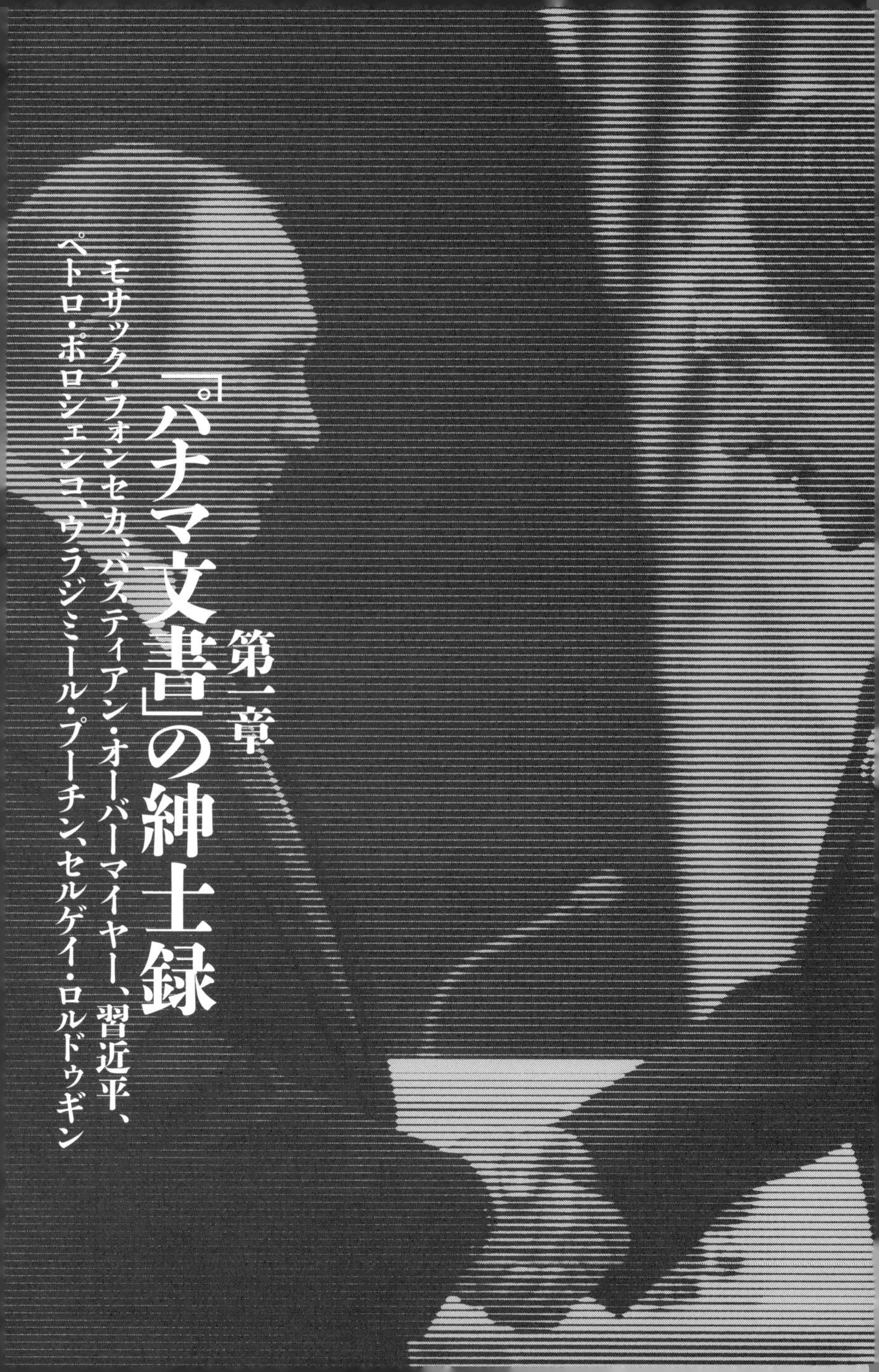

第一章
「パナマ文書」の紳士録

モサック・フォンセカ、バスティアン・オーバーマイヤー、習近平、
ペトロ・ポロシェンコ、ウラジミール・プーチン、セルゲイ・ロルドゥギン

「杖をついて座る男」

帽子をかぶった男が杖を手に椅子に腰かけ、じっと前を見つめている――。

彫刻を思わせるシンプルなフォルム、そしてアーモンド形の眼は、アメデオ・モディリアーニの作品にちがいない、と美術愛好家なら言い当てるだろう。さらに二〇世紀初頭のパリ画壇に通じているひとなら、わずか三五年という短い生涯のなかでも、この画家の最も脂が乗りきっていた時代に描かれた作品だと解説してみせるはずだ。さらに絵画にまつわる歴史的事件に通じた者なら、第二次世界大戦中にナチス・ドイツに略奪されたまま杳《よう》として行方が知れない名画だと断じるだろう。エコール・ド・パリの画家の作品を扱う鑑定人によれば、時価にして二五億円は下らないという。

イタリア生まれの画家、モディリアーニは、二〇世紀初めにパリに出て、モンマルトルの丘にアトリエを構えた。この地でパブロ・ピカソや藤田嗣治らと親交を結んでいる。原始の力に溢れたアフリカ彫刻に魅せられ、イタリア・ルネサンスの優美で装飾的なシエナ派絵画に啓示を受け、独創的な肖像画を世に送り出していった。

「杖をついて座る男」は、モンマルトル時代に生まれた名品のひとつといっていい。だが、この絵はヨーロッパを襲った世界大戦の嵐に翻弄されることになる。

その来歴を辿ってみよう。第一次世界大戦でモディリアーニは病弱だったため、徴兵を免れてパリにとどまった。そしてフランスが勝利した一九一八年にこの絵を仕上げている。やがて「杖をついて座る男」は、パリに住んでいたひとりのユダヤ人画商の目にとまり、彼の持ち物となった。

だが、第二次世界大戦が勃発すると、ナチス・ドイツ軍の機甲師団が、隣国ベルギーを早々と降伏させ、フランスの首都パリに迫ってきた。この美しい都が陥ちる数週間前、ユダヤ人画商は家族を伴ってからくもパリを脱出している。だが「杖をついて座る男」まで連れていくことはかなわなかった。パリ入城を果たしたナチス・ドイツ軍はこの名品を見つけ、持ち去ってしまった。それ以来、「杖をついて座る男」の消息はぷつりと途絶えてしまう。

ユダヤ人の画商は、戦後もこの名品を取り戻そうと懸命に行方を追い続けた。ナチス・ドイツが略奪した美術品を追跡して取り戻す機関として知られるイギリスのオックスフォード大学の調査委員会にも助けを求めたのだが、有力な手がかりは得られなかった。

薄命の画家、モディリアーニが丹精込めた「幻の名画」は、六〇年を超える空白を破って突如姿を現す。二〇〇八年、ニューヨークで開催されたサザビーズのオークションのカタログに「杖をついて座る男」が掲載されていたのである。所有者の欄には、パナマにある企業、ＩＡＣ（インターナショナル・アート・センター）と記されていた。ＩＡＣのオーナーはどうやら美術品ディーラー兼コレクター、デービッド・ナーマドらしいと囁かれた。

ユダヤ人画商の孫は、サザビーズのオークションにこの作品が出品されたことに驚き、絵画の返還を求めてデービッド・ナーマドを提訴した。二〇一一年のことだった。

「モディリアーニの絵画は、まさしく絵に描いたような、と言っていい、ナチスの略奪美術品なのです。すぐにもわれわれにお返しいただきたい」

だが、ナーマド側の代理人の反応は氷のように冷ややかだった。

「お申し越しの絵画は、パナマにあります企業、ＩＡＣの所有に関わるものであり、ナーマド一族には一切関係がないことをお知らせ申し上げます。何卒ご理解を賜りますようお願い申し上げます」

物言いは慇懃だったが、こう言い逃れて絵画の返却には応じようとしなかった。

ユダヤ人画商の孫は、パナマに登記されているオフショア企業ＩＡＣにも早速接触を試みる。だが情報は一切、開示されなかった。「杖をついて座る男」は、オフショアの厚い壁に阻まれ、この世に現存していることは確認されながらも、ユダヤ人画商の一族の手元には戻らなかった。

ところが「パナマ文書」によって状況は一変する。二〇一六年四月、パナマの法律事務所「モサック・フォンセカ」の機密情報にアクセスした何者かが、膨大な極秘文書を取り出し、メディアにリークした。そのなかにオフショア企業ＩＡＣの記録が含まれていたのである。

スイスの日刊紙「ル・マタン」が報じたところでは、オフショア企業ＩＡＣの所有者は美術品ディーラーのデービッド・ナーマドだった。ＩＡＣは、パナマの法律事務所モサック・フォンセカが登記の手続きを担当し、一九九五年に設立されている。そして翌九六年、ロンドンで行われたクリスティーズのオークションで「杖をついて座る男」を購入した事実が明らかになった。真の購入者の名前は表に出したくなかったのだろう。ナチスが略奪した美術品を秘かに手に入れるため、オフショア企業が格好の隠れ蓑として使われたのだった。

「ＩＡＣは私の個人会社であり、私そのものだ」

事実の発覚後、デービッド・ナーマドは「ニューヨーク・タイムズ」紙のインタビューに応じて渋々認めたのだった。

「確かに、ＩＡＣが自分の会社だとはっきりさせなかったのは、ちょっとしたミスだった」

彼はかつてニューヨークのユダヤ美術館で開催されたモディリアーニ展にもこの絵を出品したことがあると、当時の図録を示して釈明した。

「私自身も苦難の歴史を味わったユダヤ人だ。あの絵がナチスの略奪美術品と知っていたら、ユダヤ美術館にこの絵を貸し出したりするはずがないじゃないか」

誰がIACの背後にいようが、法的にはIACの所有であることは少しも変わらない、とナーマドは強弁し続けた。

だが、「パナマ文書」で発覚した新たな事態を受けて、スイスの検察当局は二〇一六年四月、関税が適用されないジュネーブの「自由港」に置かれているナーマドの絵画倉庫に踏み込んで家宅捜索を行った。そこにはパブロ・ピカソの作品三〇〇点をはじめ、じつに四五〇〇点もの名だたる美術品が所蔵されていた。それらの作品群からついに「杖をついて座る男」を見つけ出し、差し押さえたのだった。

TSUNAMI

パナマ運河が大津波で決壊したような衝撃を受けた――。オフショア・ビジネスを大切な顧客に提供してきた国際金融のプロフェッショナルはこう述べている。パナマの法律事務所から流出した機密情報は、タックスヘイブン・租税回避地に資産を隠し持っていた人々を震えあがらせた。超富裕層、多国籍企業、各国の情報機関、麻薬組織、マフィア――。彼らは、秘かに手を染めていた資金洗浄の手口が明らかになってしまうと慄《おのの》いた。

パナマ・シティに本拠を置く世界有数のオフショア法律事務所モサック・フォンセカをハブにして世界各地に広がるタックスヘイブンの網。それはカリブ海のイギリス領、アメリカの影響下にある島々、アメリカ本土のデラウェア州やネバダ州、さらにはヨーロッパのスイス、モナコ、ルクセンブルクと蜘蛛の巣のように延びている。

「大切なお客様の個人情報は一切申し上げられません」

このひとことで守られてきたはずの鉄壁がなんと内側から決壊してしまった。モサック・フォンセカを抜け穴に使って、光と闇のふたつの世界を縦横に往き来してきた多国籍企業や超富裕層の実名が、一挙に白日のもとに曝《さら》された。

法律事務所モサック・フォンセカのサイバー・スペースから何者かの手で持ち出され、欧米の有力メディアにリークされた膨大な顧客情報は「パナマ文書」（Panama Papers）と呼ばれる。ベトナム戦争の泥沼に足をからめとられていったアメリカ政府の戦争指導の惨状を暴いた「ペンタゴン・ペーパーズ」。ウォーターゲート事件の真実を告げ、ニクソン大統領を辞任に追い込んだ「ディープ・スロート」によるリーク。「パナマ文書」もまた、これらの内部告発に伍して現代史にその名を刻むことになるだろう。二〇〇一年九月一一日、超大国アメリカの中枢を襲った同時多発テロ事件を機に「テロの世紀」の幕は上がったのだが、二〇一六年四月六日に漏洩した「パナマ文書」もまた、オフショア時代の黄昏を告げる狼煙になるだろう。

モサック・フォンセカの極秘情報を知りうる立場にいる何者かから情報の提供を真っ先に持ちかけられたジャーナリスト。それが「南ドイツ新聞」のバスティアン・オーバーマイヤー記者だった。彼が著した調査報道の類い稀な労作『パナマ文書』の英語版によりつつ、事件の発端を見てみよう。

「憂慮している一市民」

「ハロー。ジョン・ドウだ。
データに興味があるか。共有してもいい」

硬派の調査報道で高い評価を得てきた「南ドイツ新聞」のバスティアン・オーバーマイヤー記者のもとに短いメールが舞い込んだ。ジョン・ドゥ――。相手は匿名での情報提供を望んでいる。それは「名無しの権兵衛」の申し出から窺えた。「興味あり」と打ち返すと、情報源を秘匿する取り決めを交わしたいと返信があった。

「私の身元が明らかになれば、わが命は危険に曝されてしまう」

素性を明かせないため、「ジョン・ドゥ」を名乗る情報提供者。君はいったい何者なんだと記者が問いかけてみた。

「誰でもない。現状を憂えているひとりの市民だ」

情報の受け渡しは暗号化された通信で行い、直接会ったりしない。その代わり、膨大なデータから何を選んで記事にするかはオーバーマイヤー記者に任せるという。

やがてPDF化されたサンプル情報がさみだれ式に送られてきた。パナマに本拠を置き、租税回避を望む顧客とタックスヘイブンをつなぐ有力法律事務所モサック・フォンセカの内部文書だった。カリブ海やスイスの銀行を舞台にした巨額脱税事件を数多く手がけてきたオーバーマイヤー記者は、とっさに比類なきダイヤモンド鉱脈だと直感した。

「およそジャーナリストと名のつく者がこれまでに眼にした、いかなる漏洩データよりも膨大だった」

オーバーマイヤーはその後もジョン・ドゥと幾度かメールをやり取りし、そのたびに新たなデータが送られてきた。それらすべてにパナマの法律事務所モサック・フォンセカが関与している。極秘データの全貌を一刻も早く知りたい。そのためならいかなる犠牲もいとわない――。ジョン・ドゥが送りつけてくる情報は、ジャーナリストの本能をひりひりと刺激した。できることならすべてをなげうって、データのなかに身を浸していたい。

だが折悪しく、彼の妻と子供が体調を崩して寝込んでいた。南ドイツ一帯にインフルエンザが猛威を振るっていたのだ。オーバーマイヤーは、高熱にあえぐ家族のために薬局に出かけ、ビスケット、果物、ハーブティーを買い求めてこなければならない。いったん諦めてパソコンを閉じ、家を出た。だが、そんなときも極秘のデータは彼の脳裏に居座ったままだ。

「伝染病にもひとつだけいいことがあった。家族はだれも、森に出かけようとか、サッカーをやろうとか、散歩しようとか言わないことだった」

オーバーマイヤーは、逸《はや》る気持ちを落ち着かせ、大急ぎで家に戻ると、再びデータの森に分け入っていった。

データはどうやらホンモノらしい――。ジャーナリストの直感はそう告げている。だが詳細な裏付け取材を行って、記事を仕上げるにはかなりの時間がかかる。その間にジョン・ドゥがしびれを切らし、調査報道では最大のライバルである『シュピーゲル』誌に同じネタを持ち込まないかと心配になる。大きなネタに巡り合わせた記者を襲う不安に、オーバーマイヤーもまた、苛まれはじめていた。

モサック・フォンセカが扱っている顧客は、各国の最高首脳とその代理人、独裁者、マフィアの親分、さらには有名スポーツ選手にまで及んでいた。ジョン・ドゥが内部から引き出したデータは、二・六テラバイト、テラは一〇〇〇ギガに相当する。文書にすれば一一五〇万通、メールでは四八〇万通に達する膨大な量だった。これほどの情報を一新聞社が抱え込み、裏付け調査を行って記事にすることなど不可能だ。国境を超えて各国のジャーナリストと手を組まなければ――オーバーマイヤーはこう決断してワシントンD.C.に飛び、ＩＣＩＪ・国際調査報道ジャーナリスト連合と連携することにした。八〇カ国を超える四〇〇人余りのジャーナリストが協力して、史上最大の漏洩事件を手がけることになった。共同戦線には「ガーディアン」「ル・モンド」、BBCなど錚々《そうそう》たるメディアが名を連ねている。

「倒習」の時限爆弾

「パナマ文書」の機密データには、新興の大国、中国を率いる習近平国家主席の親族の名があった。腐敗追放を最重要のスローガンに掲げる中国共産党のトップにして国家の最高指導者の姉、斉橋橋《せいきょうきょう》の夫が疑惑の中心人物だった。習近平の義理の兄にあたる鄧家貴《とうかき》はカナダ国籍を持つ辣腕の実業家として知られている。習近平が権力の中枢に近づいていくにつれて、義兄もまた不動産業から希少金属の採掘利権にまで手広く事業を広げ、巨額の富を築き上げていった。

多国籍企業を世界各国に展開する鄧家貴もまたパナマの法律事務所モサック・フォンセカの重要顧客だった。イギリス領ヴァージン諸島にふたつのペーパー・カンパニーを設立している。その名も「ベスト・エフェクト・エンタープライズ」と「ウェルス・ミン・インターナショナル」。両社は二〇〇四年に設立されている。以来、斉橋橋と鄧家貴の実業家夫婦は、合わせて一一もの企業を世界各地に保有し、その総資産は少なくとも三億七六〇〇万ドル、日本円にして三七〇億円にのぼるとアメリカの経済通信社「ブルームバーグ」は報じている。

だが、習近平が中国共産党の政治局常務委員会入りを果たすと、イギリス領ヴァージン諸島にあったふたつのペーパー・カンパニーは登記を抹消された。二〇〇七年のことだった。なりふり構わず蓄財に走り、派手に浪費を続ける紅い貴族たち。こうした共産党幹部やその親族に比べれば、習ファミリーはまだしも周囲の目を気にしていることが窺える。

確かに紅い貴族たちの乱脈ぶりは凄まじい。「天安門事件の虐殺者」と民主派から恨みを買う李鵬《りほう》元首相の娘、李小琳《しょうりん》は、タックスヘイブンを存分に活用して浪費の限りを尽くしている。ニューヨークの五番街で彼女が買い物をする光景を目の当たりにしたアメリカ人の店員は、全盛期のアラブの石油王を凌ぐ金払いのよさに驚いたと証言している。「ニューヨーク・タイムズ」紙は、温家宝《おんかほう》ファミリーの不正蓄財の総額は二七億ドル、日本円にして二七〇〇億円は下るまいと伝えている。

重慶の市長を務めた薄熙来《はくきらい》は、一時は共産党のトップの座を窺っているといわれた実力者だった。谷開来《こくかいらい》は、彼の妻であり有力な弁護士でもあった。夫が大連の市長だった時代には、土地の開発業者などから夫に代わって巨額の賄賂を受け取り、イギリス領ヴァージン諸島に設立したタックスヘイブンに貯め込んでいた。

イギリス人のニール・ヘイウッドは、谷開来の蓄財アドバイザーにして愛人だった。イギリスの諜報機関ともつながるこのイギリス人は、息子の薄瓜瓜《かか》の家庭教師を引き受けて、実力者の一族に食い込んだ。イギリスの名門パブリック・スクールのハロー校に息子を入学させ、さらにはサッチャー元首相の側近の力を借りてオックスフォード大学に押し込んでいる。

絶大な信頼を勝ち得たヘイウッドは、薄ファミリーがオフショア企業の名義で南フランスに瀟洒な別荘を購入する手伝いもしている。母と子が贅沢三昧の暮らしをする指南役まで務めたのだった。

だが、薄熙来は中国共産党の内部抗争に巻き込まれ、薄ファミリーの不正蓄財に当局の捜査が及び始める。オフショアを巧みに使って薄一族の汚れた金の運用を手伝っていたヘイウッドは、「知りすぎた男」として消されてしまった。

二〇一一年一一月に「ラッキー・ホリデイ」という名の重慶のホテルで、ヘイウッドは大量のアルコールを飲んで死亡したとされる。だが、司法当局は、谷開来が口封じのために毒殺したとして逮捕し、のちに執行猶予付きの死刑判決が言い渡された。その後、無期懲役に減刑されている。ヘイウッド事件でもまた「パナマ文書」の存在が見え隠れしている。

「中国共産党の幹部が親族を通じて海外に資産を移すことなど珍しくもない。いまの中国では牛が草を食むのと少しも変わらない」

改革派の中国人ジャーナリストは、こともなげにそう話す。中国流の「常識」から言えば、温家宝ファミリーや薄煕来ファミリーの乱脈ぶりに比べれば、習近平一族はまだしも「身ぎれいなほう」となるのだろう。

だからと言って、習近平政権が「パナマ文書」の影響を軽く見ているわけでは決してない。政権の警備・公安当局は、中国国内のインターネット上で流布しているアングラ情報にことのほか神経を尖らせ、取り締まりに躍起になっている。「パナマ文書」がリークされた直後から、中国国内のサーチエンジンで「パナマ文書」を検索しても関連情報はまったく出てこなくなった。インターネットに対する検閲当局の監視は一層強まり、海外での不正蓄財に関わるさまざまな情報にもアクセスが制限されるようになった。

「パナマ文書」の機密をリークした「ジョン・ドゥ」は、「南ドイツ新聞」のオーバーマイヤー記者にメールでこう尋ねている。


「非常時のプランを作っておこうと考えている。急に旅に出なければならなくなったら

――。

避けたほうがいい場所はあるか」

オーバーマイヤー記者は直ちに次のように助言した。

「パナマ文書には中国政府の要人に関する極秘情報が含まれている。中国に行くことだけはやめたほうがいいだろう」

中国当局は、政権の致命傷になりかねない機密情報を漏らした「ジョン・ドゥ」の入国を許すはずがない。もっとも、中国の情報・捜査当局が「ジョン・ドゥ」の正体をいち早く突き止めていればの話だが――。

一方で、「ジョン・ドゥ」の側も、大量のデータを引き出しながら、自身は記録文書の内容に必ずしも精通していたわけではない。自分がリークした情報のどの部分が最もインパクトを秘めているのか、正確に把握していない。

鼠も捕まえるが大虎も逃がさない――。習近平国家主席は腐敗の徹底追及を政権の最優先テーマに掲げている。清廉さを装う習政権にとって「パナマ文書」をきっかけに不利な材料が飛び出せば、「倒習」の起爆剤となりかねない。腐敗追放というテーゼは自らにも跳ね返ってくる危険を孕《はら》んでいる。

中国共産党の政治局常務委員会は、海外に駐在している中国メディアの特派員が「パナマ文書」を使って反政府活動に走らないよう監視を厳重にせよ、と大使館に檄を飛ばしている。一方で農民や労働者に党の反腐敗キャンペーンをさらに浸透させ、党の清廉なイメージを高めるよう努めてきた。

だが、こうした一連のキャンペーンこそ習政権の慌てぶりを逆に映し出している。共産党の一党独裁のもと、中国を支配する政権幹部やその親族は、国家と人民の金を掠《かす》め取り、海外に巨額の財産を持ち出して、不正蓄財にうつつを抜かしている。「パナマ文書」をきっかけにそんな実態を一般の民衆に知られてしまうことを心から恐れている。パンドラの箱が開いて、民衆が怒り狂う怖さを中国共産党の最高幹部たちは誰よりもよく知っているのだ。

タックスヘイブンの闇

中国共産党の上層部にとって、タックスヘイブンはなにゆえに魅力的な存在なのだろうか。タックスヘイブンは一般には「租税回避地」として説明される。だが、中国共産党の幹部やその家族にとって、国家から課される税金などさして恐れるに足るまい。権力の座にある者が課税を見逃してもらったり、軽くしてもらったりすることはさして難しくない。自分たちが中国という国家から摑みとった金の足跡をきれいに消してしまうことこそが肝要なのである。

　中国のような人治の国であっても、国内で会社法人を設立すれば納税の義務が生じる。金融取引を行えば、当事者の名前が表に出てしまう。だがタックスヘイブンを利用すれば、煩わしい情報開示の義務から解き放たれる。中国で政治権力を握り、それゆえに富める者たちにとっては、金にまつわる痕跡《こんせき》を隠蔽できるオフショアの仕組みこそ最も貴重なのである。

　タックスヘイブンはそんな彼らに格好の隠れ蓑を提供している。そこは国民の眼が及ばない聖域であり、金融世界のブラックホールだ。顧客の秘密が厳格に守られ、金融取引に課せられる規制が格段に緩く、国家の権力も介入してこない。そんな金融空間は独裁的な権力を握る者たち、それに連なる特権的な富裕層、更には麻薬組織やマフィアにとって欠かせない。彼らは法律事務所に依頼して競ってペーパー・カンパニーを設立する。われわれの眼の届かない高嶺には、隠花植物が族生する奇怪な光景が広がっている。

　米カリフォルニア大学バークレー校の経済学者で、トマ・ピケティの共同研究者として知られるガブリエル・ズックマン教授は、二〇一五年に上梓した『失われた国家の富　タックス・ヘイブンの経済学』のなかで指摘する。いま世界には七兆六〇〇〇億ドルもの隠し資産がオフショアの金融システムのなかに貯め込まれている。世界の富のじつに八％に相当する額である。超富裕層は、富を隠す驚くべき手段を持ち、さらに富を生む隠れた武器まで手にしているのだ。

タックスヘイブンは、全世界で六〇余りを数え、主として三つのカテゴリーに分けられる。第一はヨーロッパに点在し、モナコやルクセンブルクが代表格である。第二はかつて七つの海を支配した大英帝国の領域にいまも残るものだ。マン島など英国の周辺地域やカリブ海のイギリス領ヴァージン諸島まで全世界に広がっている。第三は超大国アメリカの圧倒的な影響下にある中米・カリブ海に点在する。パナマがその代表格だろう。

一九一九年、国際石油資本であるスタンダード・オイルが、アメリカ政府の課税を回避するため、所有しているタンカーの船籍をパナマに移した。これがタックスヘイブン、パナマの始まりである。これに倣《なら》って多くの船舶会社がパナマに船籍を変更し、課税を巧みに逃れて石油の運搬を行うようになった。さらに、パナマ船籍の貨物船は、禁酒法の網をくぐり抜けてアルコール類の運搬を手がけ、巨額の利益を上げたのだった。

一九二七年にはパナマは会社法人の設立に関する法律を改正し、オフショア・ビジネスの集積地を目指すようになっていく。ニューヨーク・ウォール街の支援を受け、ペーパー・カンパニーを簡単に設立できるよう法制を整えた。加えて法人税の税率を低く抑え、非課税の範囲をぐんと広げて、アメリカなどから企業を呼び寄せたのである。

この結果、簡単な質問に答えるだけで、法人税がかからない匿名会社がパナマに続々と誕生していった。だが、これはパナマ人の発明ではない。アメリカのデラウェア州の手法を参考に、顧客により有利な環境を整備したにすぎない。

パナマに「紙の会社」を持ちたければ、パナマの法律事務所に頼むだけで、すべてがスムーズに運ぶ。銀行家や企業家は会社設立の代行業者を雇うだけで、使い勝手のいい会社を幾つも持つことができるようになった。かくしてパナマは世界有数のタックスヘイブンに成長していった。

出所を知られたくない資金は、カリブ海に散らばるタックスヘイブンに送られ、二重、三重の洗浄が施されていく。蜘蛛の巣のように広がるタックスヘイブンの中央にいて司令塔の役割を果たしているのが、「パナマ文書」でその名を一躍世界に知られたモサック・フォンセカだった。

ウクライナのチョコレート王

「パナマ文書」のデータには、世界の名だたる政治指導者の名前が並んでいる。ウクライナのペトロ・ポロシェンコ大統領もそのひとりだ。旧ソ連時代はチョコレートの原料であるカカオ豆を扱う商人だった。ソ連邦が崩壊してウクライナが独立するや、国民的な人気を誇っていたチョコレート「アレンカ」の国営工場を格安で払い下げてもらって自分のものにした。瞬く間に新興のカカオ実業家としての地位を築き上げ、「ウクライナのチョコレート王」と呼ばれるまでになった。ウクライナの街を歩けば、目抜き通りのあちこちに洒落たカフェとチョコレート店が軒を連ねている。大統領は、この国でカカオの原料をがっちりと握る大富豪なのである。

ペトロ・ポロシェンコは、カカオ豆を足がかりに政界に進出した。そして外務大臣などの要職も歴任し、権力の頂を目指す。「チョコレート王」は、ウクライナ政界の風向きを慎重に読みながら、少しずつ反ロシア色を強めていった。そして二〇一四年の大統領選挙に反ロシアの旗を掲げて出馬し、ウクライナ大統領に当選した。

ちょうどこの頃のことだった。パナマの法律事務所モサック・フォンセカに依頼してイギリス領ヴァージン諸島に持ち株会社を設立している。膨大な個人資産をタックスヘイブンに移して巧みな資金運用を始めていた。「チョコレート王」にとって、芳醇なチョコレートを作り出すより、租税回避地《タックスヘイブン》に個人資産を逃がして蓄財するほうが遥かにたやすい業だったのだろう。

時あたかもウクライナの東部では、親ロシア派の武装組織が分離独立を求めて、ウクライナ国軍と激しい戦闘を繰り広げつつあった。ウクライナ・ナショナリズムの策源地と言われる西部、ポーランドとの国境に近い街リヴィウでは、週末ごとに前線で戦死した若い兵士を悼む式典が催された。人々は浄財を出し合って祖国ウクライナのために命を捧げた兵士を讃え、広場では「ロシア憎し」の合唱がこだましていた。

ポロシェンコ大統領は、反ロシアの戦いを率いるポーズをとりながら、巨額の個人資産を秘かに国外に持ち出していたのである。だが、メディアの執拗な追及にも、海外でいかなる会社を設立し、資産をどれほど外に持ち出していたのか、一切の情報を公開しようとしていない。

「ポロシェンコ大統領がオフショア取引を通じて莫大な資産を海外に移したことは指弾されるべきだ。だがそれよりも問題なのは、彼が資産を持ち出していた時期なのだ」

リヴィウに住む実業家のテトヤナ・オリニークは、ウクライナという国を率いている政治家がどれほど倫理観を欠き、国家の統治のありようがいかに杜撰だったかが「パナマ文書」によって明らかになった、と憤りを隠さない。

「パナマ文書」によれば、モサック・フォンセカにポロシェンコのオフショア企業の設立を依頼してきたのは、キプロスの仲介業者だった。設立場所はイギリス領ヴァージン諸島。ペーパー・カンパニーの名は「プライム・アセット・パートナーズ」だ。

「依頼主は、いずれこの会社の株主になるが、じつは政界の関係者だ。でも断っておくが、会社はこの顧客がいま携わっている政治活動とは一切関わりがない」

この顧客とは、もちろんウクライナのポロシェンコ大統領のことだ。キプロスの業者が依頼を受けたのは二〇一四年八月はじめ、折しも、ウクライナとロシアの対立が次第に抜き差しならない段階に達しようとしていた時期であった。

ウクライナ南東部のイロバイスクでは激しい戦闘が戦われていた。いわゆる「イロバイスクの戦い」である。「ドネツク義勇軍」を名乗る七〇〇〇人のウクライナ兵士が人口一万五〇〇〇人の街に立て籠もっていた。この街を、ロシア側から武器弾薬の支援を受けた親ロシア派の武装勢力が包囲しつつあった。「ドネツク義勇軍」は、ポロシェンコ政権からまともな支援を得られないまま、孤立無援の戦いを強いられていたのである。

このあと、辛うじて停戦協定が成立する。「ドネツク義勇軍」はイロバイスクの街を明け渡して退却するのだが、そこに親ロ派の戦車が襲いかかり、一〇〇〇人余りの死傷者を出してしまう。そうした惨劇のさなか、ポロシェンコ大統領は、個人資産をオフショアに移そうとやっきになっていたのだ。「パナマ文書」は一国の最高指導者のこうした醜い振る舞いを明るみに出した。中米の小国パナマの法律事務所から漏洩した情報が、地球の裏側に位置するウクライナの政権の屋台骨を揺るがしつつある。

大富豪のチェロ奏者

ウクライナのペトロ・ポロシェンコ大統領の仇敵、ロシアのウラジミール・プーチン大統領もまた、こと「パナマ文書」に限っては、顧客リストに仲良く名前を連ねている。ただ、ポロシェンコ大統領は自らの名義でオフショアに法人を設立しているが、プーチン大統領はより慎重だった。名義には大統領の親友の名前が記載されている。チェロ奏者として名高いセルゲイ・ロルドゥギンである。

ふたりは、かつてのレニングラード、いまのサンクトペテルブルクを故郷に結ばれた親友同士だ。チェロ奏者、セルゲイ・ロルドゥギンは、通常の音楽家ならとうてい手にでききない巨額の収入をオフショア企業から得ていた。このため、欧米のメディアは、このチェロ奏者を「プーチンの財布」と呼ぶようになった。

ほほえましい一葉の写真がある。若き日のウラジミール・プーチンは、生まれたばかりの娘マリヤを抱いて、花束を手にもつ愛妻のリュドミラと腕を組み、やさしい笑みをうかべている。そしてふたりを挟むように、マリヤの名付け親、アイラとセルゲイ・ロルドゥギン夫妻が立っている。

マリヤが生まれた一九八五年四月、プーチンはソビエト連邦のレニングラードでKGB・国家保安委員会のインテリジェンス・オフィサーを務めていた。ロルドゥギンはプーチンのひとつ歳上だったが、ふたりは兄弟のように付き合って、すでに八年が経っていた。ロルドゥギンの弟のエブゲニーは、KGBの研修所でプーチンと一緒に訓練を受けた間柄だった。

ロシアの男友達の付き合いは格別だと言われる。なかでもロルドゥギンとプーチンは時に兄弟以上に親密だった。深夜まで歓楽街をともに飲み歩き、大きな声で放吟し、よく喧嘩もしたという。

ロルドゥギンはアエロフロートの客室乗務員だった女性アイラに出会い、一目で気に入った。買ったばかりの新車を見せたいと思い、ダブルデートを思いついた。誘った男友達はむろんプーチン。待ち合わせ場所のレンソビエト劇場に着いてみると、アイラの連れはアエロフロートの同僚、リュドミラだった。彼女の透き通るような青い瞳にプーチンはたちまち魅せられてしまった。リュドミラこそいまのウラジミール・プーチン夫人である。

やがてソ連邦が崩壊し、ふたりの男友達はそれぞれの道を歩んでいく。プーチンは政界に転じて首相から大統領へと昇り詰めていく。一方のロルドゥギンもチェロ奏者として見事に才能を花開かせた。マリインスキー劇場のソリストを経て、サンクトペテルブルク音楽院の院長となった。ひとりは政治の分野で、いまひとりは芸術の分野で、ともに頂点を極めたと言っていい。

プーチンが権力の階段を駆け上がっていくにつれ、彼のとりまきもまた資産家になっていったことはよく知られている。

アメリカ政府が、ロシアによるクリミア半島の併合に抗議して、プーチンの側近たちのアメリカ入国を禁止し、アメリカ国内の資産を凍結する経済制裁を科したときのことだ。

「自分は金など持っていないし、興味もない」

ロルドゥギンは「ニューヨーク・タイムズ」紙のインタビューに、制裁の対象になるはずがないと答えている。

「私はビジネスマンじゃない。一介の音楽家にすぎない。その証拠に持っているものといえば、アパートの部屋と一台の車、それに菜園付きの別荘《ダーチャ》くらいのものだよ。何百万ルーブルなどという資産はどこを探してもないな」

だが、「パナマ文書」は、この証言が事実からほど遠いことを物語っている。ロルドゥギンは年収が六五〇〇万ポンド、日本円にしておよそ九億円にのぼり、ロシアの有力広告代理店、ビデオインターナショナルの株主でもある。現金に換算すれば一九〇〇万ポンド、二七億円もの株券を保有している。モサック・フォンセカがスイスの銀行に送った報告書にはそう記されていた。

ロルドゥギンの資産はそれだけにとどまらない。多くの企業に莫大な資金を投資し、ロルドゥギンの名義で巨額の資金が銀行に眠っている。プーチンの心の友が本当につつましい暮らしをしているなら、彼は誰かの身代わりなのか。「パナマ文書」が漏洩した後、メディアのインタビューにロルドゥギンはこう答えている。

「いまはコメントできない。これは非常にデリケートな問題だ」

欧米のメディアなら、「デリケートな問題だ」と述べて、親友のプーチンに名義を貸し、自らもおこぼれに与《あずか》っている事実を認めたと書くだろう。だがロシアのメディアは沈黙しがちだった。プーチン政権がメディアにどれほど睨みを利かせているか、実力のほどを窺わせている。

「プーチンの財布」

「パナマ文書」が示すところでは、ロルドゥギンは少なくとも三つのオフショア企業のオーナーである。これらの企業はすべて、オフショアを専門とするチューリヒの法律事務所を介して、「プーチン銀行」と揶揄されるロシア銀行と密接な関係を持っている。

ロシア銀行の本店は、プーチンの生まれ故郷にして政治権力の基盤であるサンクトペテルブルクにあり、ネバ河沿いに広がる美しい広場に建っている。一九九〇年、ソ連崩壊のさなかにソビエト共産党が出した資金で設立された比較的新しい銀行だ。サンクトペテルブルク市の対外経済関係委員会を牛耳っていたウラジミール・プーチンとは、設立当初から深いつながりがあることで知られている。

ロシア銀行はロシアの金融界ではさして大きな存在ではない。だが、ことプーチンとの距離の近さにかけては、ロシア銀行を凌ぐ存在はないだろう。アメリカ財務省がクリミア併合に抗議して、二〇一四年三月、ロシアに発動した制裁リストにロシア銀行の名があるのは驚くに当たらない。だが、ロシア銀行は周到にも株式公開をせず、ユーロ債券も保有していない。経済制裁でロシア銀行が被るダメージはさして大きなものではない。

「オバマ政権はあなたの手口を知り抜いていますよ」

ことロシア銀行に関しては、実質的に取引を制限する効果より、プーチン大統領にプレッシャーをかける心理作戦の側面が強かったのである。

二〇一〇年の時点で、ロルドゥギンが保有しているロシア銀行株の割合は三・九%。「ニューヨーク・タイムズ」紙の質問にロルドゥギンは平然とこう答えている。

「なに、ずいぶん昔に、そうプーチンがまだサンクトペテルブルクにいた頃に手に入れたものなんだ」

だが、なぜかアメリカ財務省はロルドゥギン個人を制裁の対象リストに加えていない。ロルドゥギンという「プーチンの財布」を封じてしまうことは見送っている。プーチン大統領に痛打を浴びせるのは当面差し控えたのだろう。

ロルドゥギンというチェロ奏者こそ、一六年の永きにわたるプーチン宮廷における廷臣のなかの廷臣なのである。プーチンはこうした旧友を、旧KGBの仲間たちとともに周辺に配し、封建諸侯のように遇して、堅牢な「フレンドクラシー」を敷いている。現代ロシアの新しい皇帝《ツァー》なのである。

赤い兵器廠《へいきしょう》

中東の情報大国の高官は、タックスヘイブンの闇は、武器をめぐる国際取引にこそあると指摘する。

「東ヨーロッパや中南米諸国の政治指導者が、タックスヘイブンに個人の所得を秘かに移して、課税を巧みに逃れ、蓄財をしたりするのは珍しい話ではない。本当に光を当てなければならない闇は武器の取引にある。麻薬の取引に手を染めて露見すれば政治家は失脚を免れない。ただ武器の取引なら、国家の権威を後ろ盾に軍の情報機関が仕切っているケースが大半だ。安全にして巨額の利益が転がり込む。ミサイルや核関連物質の代金決済はタックスヘイブンを介して行われている」

ウクライナは旧ソ連邦時代から「赤い兵器廠」として航空機やミサイルの製造を手がけてきた。

首都キエフには、かつてもいまも得体の知れない兵器ブローカーが蠢《うごめ》いている。彼らは国際テロ組織やならず者国家を顧客に、ウクライナ製の新鋭兵器を横流ししてきた。それゆえ、各国の情報機関が入り乱れて、取引の現場を押さえようと烈しい諜報戦を繰り広げている。大型の武器の商談を突き止めるのは至難の業だ。

だが、権力者が入れ替わる政変が、武器取引の深い闇を覗く一瞬のチャンスをもたらすことがある。二〇〇四年一一月、ウクライナでは、大統領選に大がかりな不正があったとして、オレンジ色の布を掲げた市民の抗議デモが全土に拡がっていった。その果てに、親ロ派の政権が倒れ、親西欧派の政権が誕生した。ブロンドの髪を三つ編みに巻き上げた「美しすぎる宰相」、ユーリヤ・ティモシェンコが率いた「オレンジ革命」である。

この翌年、ティモシェンコと連携した検事総長は、「ウクライナの兵器工場から、一〇基を超える巡航ミサイルX55が、兵器の闇ブローカーに流れた疑いが濃厚だ」と明らかにした。この新鋭兵器は、アメリカの巡航ミサイル「トマホーク」を写したコピー兵器だった。イランや中国が何としても手に入れたいと必死になっていたハイテク兵器だった。ウクライナから消えたミサイルのうち、数基は、中国やイランを顧客に持つ兵器ブローカーに流れた疑いがあると見て、各国の情報機関はいまも行方を追い続けている。

手がかりのひとつは資金の流れにある。大型兵器は価格が高く、現金決済には多くのリスクを伴う。それゆえ、タックスヘイブンを介した闇取引が利用されている。武器取引の真相を究明するには、第二、第三の「パナマ文書」の出現を待たなければならない。

「パナマ文書」に見え隠れしている関係者の名前は氷山の一角にすぎない。タックスヘイブンというブラックホールを使って、武器、麻薬、血塗られたダイヤモンドの取引に手を染めている者たちは二重、三重の偽装工作を施している。闇の取引の背後にいる黒幕の名前はきれいに消し去られているのだ。ひとつの企業が自分の存在を消すため、別の企業に身を潜める。その企業がさらにまた別の企業に身を潜め、それが幾度となく繰り返されていく。オフショアの仕組みは、大きな人形が少しだけ小ぶりな人形をいくつも内側に入れ子にしていく、ロシアのマトリョーシカに似ている。

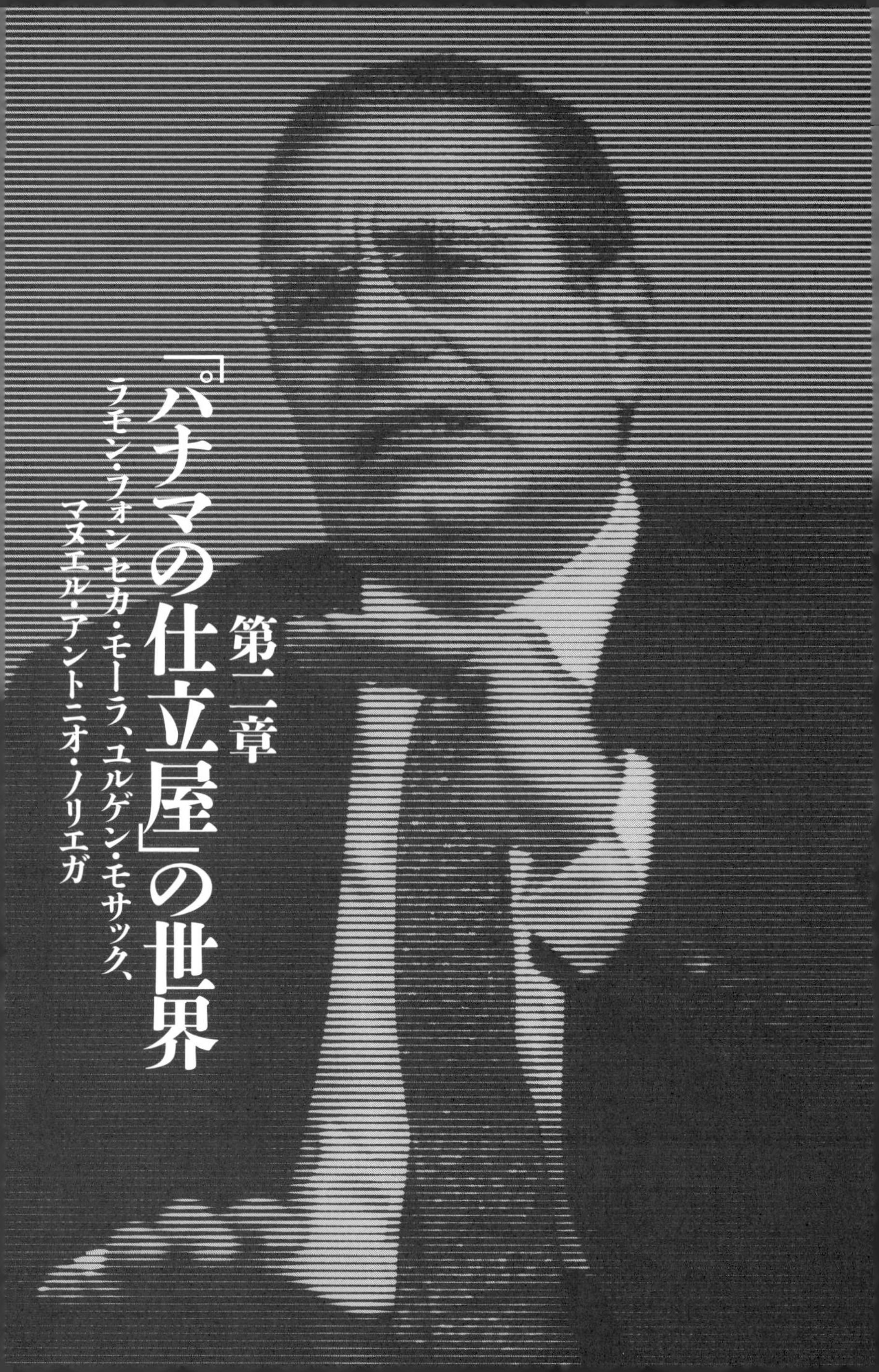

第二章

『パナマの仕立屋』の世界

ラモン・フォンセカ・モーラ、ユルゲン・モサック、マヌエル・アントニオ・ノリエガ

極秘情報のテイラー

デジャヴュ（déjà vu）という フランス語には「既視感」という訳語があてられる。過去にどこかで見たことがある光景──そんなニュアンスが込められている。「パナマ文書」に記されているさまざまな記録文書を追っているうち、ああ、かつて、どこかで出会ったことがある──わが記憶の回路がそう囁いた。そう、*The Tailor of Panama* だった。邦題は『パナマの仕立屋』（集英社刊）。著者は傑出したエスピオナージ・ストーリーを紡いできたイギリスを代表する作家ジョン・ル・カレだ。

「『パナマの仕立屋』はできるなら、墓まで携えていきたい」

数多い作品群のなかでも、ル・カレがとりわけ愛着を示した物語だ。

さしものスパイ小説の巨匠も冷たい戦争が終わってしまっては失職せざるをえないだろう──。そんな冷ややかな声が囁かれるなか、ル・カレは冷戦の終結後ほどなくして、この物語を構想した。そして現地パナマに飛んで丹念な取材を尽くし、多くの関係者にもインタビューして、執筆にとりかかっている。巻末の「謝辞」で名前を挙げたパナマ運河委員会の幹部、イギリス大使館の面々、そしてパナマとロンドンの仕立屋。ル・カレの徹底した調査と取材ぶりを窺わせている。本書は一九九六年にまず英語版がロンドンで上梓され、事前の予想を覆して多くの読者を得たのだった。

ル・カレを執筆に駆り立てたのは一冊の本の存在だった。

「冷戦期に描かれたグレアム・グリーンの『ハバナの男』がなければ、『パナマの仕立屋』は生まれなかったろう」

ル・カレは『ハバナの男』という作品に魅せられて、中米・カリブ世界を舞台にいつか自分も物語の筆を執ってみたいと考えていたという。

東西両陣営が冷たい戦争を戦っていたさなか、稀代の語り部であるグレアム・グリーンは、二重スパイの悲劇を扱った『ヒューマン・ファクター』をはじめ、次々に意欲作を発表している。同じ冷戦期に書かれたのが『ハバナの男』だった。

一方のル・カレは、永かった冷たい戦争が終わるのを待ち構えていたように、パナマに飛んで特異なエスピオナージ・ストーリーを紡ぎ始める。冷戦の主戦場だったヨーロッパから遥かに離れたこの地にこそ、冷戦が幕を下ろしたいま、新たな動乱が兆していると読んだのだろう。大西洋と太平洋を結ぶ大運河を持つパナマこそ戦略的な価値を高めていると喝破して、この物語に着手したのである。

南北の両アメリカ大陸に睨みを利かせ、大西洋と太平洋、二つの大洋にまたがるパナマは、一九三〇年のパナマ運河条約により、超大国アメリカに運河の両岸地帯の永久租借権を譲渡した。しかし、アメリカのカーター政権は、パナマの自主権を尊重する立場から一九七七年にパナマと新運河条約を締結し、一九九九年には両岸地帯の租借権をパナマに返還することになった。小国ながら戦略上の要衝に位置するパナマを取り込もうと、中国や日本などの列強が秘かに触手を伸ばし始める。エスピオナージ・ストーリーの書き手にとって、譬えようもなく豊饒な舞台が整えられていた。

ジョン・ル・カレが著した物語のタイトルは『パナマの仕立屋』。そこには二重にも三重にも隠された意味が埋め込まれている。このエスピオナージ小説は、一九八九年、アメリカの軍事侵攻で独裁者ノリエガが逐《お》われた傷がいまだ癒えていないパナマを舞台にしている。一九九〇年代の半ばと見ていいだろう。アメリカ政府から運河の両岸地帯を返還してもらう時期が刻々と迫っていた。パナマ国民のためのパナマ運河——そんな時代が間もなく訪れようとしていたのである。

ル・カレは、そうした絶妙な時期を選んで物語の筆を執っている。在パナマ・イギリス大使館にひとりの外交官がロンドンから赴任してくる。政治担当の書記官アンドルー・オスナードだ。表向きの肩書は政務担当の外交官だが、本当の貌《かお》はイギリス秘密情報部員だった。

彼は着任早々ひとりの仕立屋に秘かに接近する。背広の代名詞でもある、ロンドンのサヴィル・ローの名店で修業を積み、英国王室御用達のテイラーの流れを汲む職人にして、「ペンデル&ブレイスウェイド」のオーナーという触れ込みだった。

高級店が連なるエスパーニャ通りから少し入った一角に立派な店を構えている。この店の主人、ハリー・ペンデルをパナマ政財界から極秘情報を仕込むエージェントに仕立て上げ、政府や軍の上層部ばかりか反政府組織からも一級のインテリジェンスを引き出してやる。イギリス秘密情報部員オスナードは野望を秘めて、この仕立屋に近づいていく。だが、仕立屋もしたたかだった。オスナードが欲しがる機密情報を流れるような手並みで裁断して、差し出してみせる。まさしくロンドン仕込みの第一級のテイラーだった。

ロンドンから来た諜報員

オスナードは着任早々、訪問を告げる電話を「ペンデル&ブレイスウェイド」に入れてみた。主人は見事な英語でさっそく顧客自慢をひとしきり。

「お客さま、体裁ぶったことを申し上げるようで、まことに気が引けるのでございますが、手前どもは大統領の御用達もいただいておりまして――。それだけではございません。弁護士、銀行家、司教、国会議員、将軍、提督といった有力者の方々にもご愛顧を頂戴しております。いえ、注文服をお望みで、ちゃんとお代をいただけるお客さまなら、私どもは肌の色も、宗教も、世間さまの評判さえ一向に気にいたしません」

賢明な読者ならお気づきだろう。パナマの仕立屋「ペンデル&ブレイスウェイド」は、「パナマ文書」が漏洩したオフショア・ビジネスの法律事務所「モサック・フォンセカ」とぴたりと重なって見える。

代金さえきちんと払ってもらえるなら顧客の選り好みなどしない。得意先の肌の色にもこだわらない。世間の評判にも頓着しない。ル・カレが創り出した仕立屋「ペンデル&ブレイスウェイド」は、図らずもさまざまな顧客をタックスヘイブンに誘い込むオフショア専門の法律事務所の見事な隠喩《メタファー》に思えてくる。これらの法律事務所は、規定料金さえきちんと払ってくれる客なら、コロンビアの麻薬組織であれ、日本のヤクザであれ、大切な顧客として迎え入れてきた。かくして多国籍企業や超富裕層ばかりか、各国の情報機関、マフィア、国際テロ組織までが、顧客の機密を厳守する堅い「盾」に吸い寄せられ、その顧客リストに名を連ね、汚れた資金の洗浄に精を出してきたのである。

資産運用の巨星

一国の在外公館は、海に浮かぶ軍艦と同様に、国家そのものである。それゆえ、相手国の国家主権が在外公館に介入することは国際法で厳しく制限され、公権力は大使館、領事館には許可なく踏み込めない。一種の聖域なのである。ジョン・ル・カレは『パナマの仕立屋』で、パナマ・シティの一等地に建つ「グレイト・ブリテン及び北アイルランド連合王国」の大使館を次のようにスケッチしている。

「大英帝国の領土は、パナマで最も大きな法律事務所が所有し、屋上にスイス銀行のトレードマークを戴く高層ビルを四分の一ほど昇ったあたりに浮かんでいた」

イギリス大使館の大家をどの法律事務所と名指ししているわけではない。だがパナマにあって、オフショア・ビジネスを扱う法律事務所がどれほど絶大な影響力をふるい、時の政権を動かし、その果てに膨大な富を蓄えてきたかを知り抜いたうえでこう描写している。「パナマ文書」事件が起きるまでは、モサック・フォンセカの名は、庶民には無縁だった。だが、巨額の資金を動かす人々には、空気や水のようになくてはならない存在であった。それは「四つの巨星」と呼ばれ、オフショア・ビジネスを専ら手がける世界有数の法律事務所のひとつとして聳え立っていた。とりわけ、大切な顧客の秘密を守り抜く能力は、大国の情報機関に匹敵すると絶大な信用を得てきた。

「あなたにふさわしい資産運用を」――この謳い文句のもと、世界の四二カ国に六〇〇人の専門スタッフが働いている。主な業務は、顧客の代理人として、イギリス領ヴァージン諸島、パナマ、バハマ、セイシェル、サモア、ニウエなどのタックスヘイブンにペーパー・カンパニーを設立することだ。そして銀行口座を開き、求められれば取締役会に名目上の役員も派遣する。一年間に一五〇〇ドルという割安な料金で、偽名のEメールアカウント「@tradedirect.biz」まで提供する。「パナマ文書」には、ハリー・ポッター、くまのプーさん、ダニエル・ラドクリフ、アイザック・アシモフといった架空の顧客名が並んでいる。

モサック・フォンセカは、パナマにあったふたつの法律事務所が合併して設立された。一九八六年のことなのだが、その当時、パナマでは、マヌエル・ノリエガ将軍が専制君主として強権をふるっていた。アメリカ合衆国は南北アメリカ大陸に大きな影響力を持っているが、個々の国々の内政に露骨に干渉するわけにはいかない。だが、大運河を抱えるパナマが独裁者によって不安定化するのを座視するわけにもいかない。両国の間には少しずつ軋轢が高まり、パナマの孤立は深まっていった。

二重諜者《ダブル・エージェント》ノリエガ

ノリエガとアメリカは最初から対立していたわけではない。むしろ当初は、ノリエガはアメリカの忠実なる僕《しもべ》だった。CIA・中央情報局の手先としてキューバのカストロ政権やニカラグアのサンディニスタ政権など、中南米やカリブ海の左派政権を攪乱《かくらん》する役割を担っていた。さらには、アメリカの麻薬対策にも協力し、コカインなどの密輸を取り締まるエージェントを務めていたのである。ノリエガはその功績が認められ、アメリカ政府から感謝状まで贈られている。

マヌエル・アントニオ・ノリエガは、マフィアの親玉と見紛う容貌からは想像しにくいインテリだった。パナマ大学を卒業してペルーの軍事アカデミーに留学した後、国家警備隊に入っている。若きノリエガは、やがてアメリカ陸軍米州学校（U.S. Army School of the Americas）に派遣される。アメリカ陸軍が中南米地域に親米の武装勢力を育てようと設立した拠点だった。学生たちはこの学校で反米ゲリラを制圧するための拷問や尋問の技術を教わり、修了者たちは「暗殺学校」の卒業生と揶揄されていた。

優秀な修了生だったノリエガはアメリカ陸軍とのコネクションを存分に利用して、パナマ版のＣＩＡ「諜報機関Ｇ２」の責任者となった。そしてアメリカ政府から巨額の工作費をせしめて子飼いの部下を養い、出世の階段を駆けあがっていった。とりわけ、ＣＩＡが取り組んでいた麻薬撲滅作戦は金のなる木だった。ここからあり余るほどの工作資金を引き出し、自らの権力基盤を確かなものにしていく。

ノリエガは、一九八三年にはついにパナマ国防軍の最高司令官に上りつめる。パナマの国家権力を掌握するや、一転して隣国コロンビアの麻薬組織メデジン・カルテルと結託する。パナマ経由でアメリカに流れる麻薬の密輸ルートを握って私腹を肥やしていった。

実のところ、ノリエガは、ふたつの貌を隠し持っていた。

当時、レーガン大統領率いるアメリカの共和党政権は、秘密裏にニカラグアのサンディニスタ左翼政権の転覆を企てていた。冷戦を戦い抜こうとするレーガン大統領にとって、キューバやソ連の支援を受けるサンディニスタ政権は、見過ごせない存在だった。しかし、民主党が多数を占めるアメリカ議会は、レーガン政権がニカラグアの反共組織「コントラ」へ武器を供与することを認めようとしなかった。このため、パナマのノリエガ将軍がホワイトハウスの意を受けて、「コントラ」へ武器を供給する役目を肩代わりしたのだった。しかしその一方で、ノリエガは、キューバから提供される武器をエルサルバドルの左翼ゲリラに横流ししたり、ニカラグア政府にアメリカ側の機密情報を提供したりしていた。

アメリカを裏切る数々の行為を重ねていたのである。ノリエガは武器商人であり、麻薬密売人であり、ダブル・エージェントだった。しかし、それを知りながらもなお、アメリカはノリエガを「使える男」と見なしていた。

ところが、独裁者ノリエガは、八一年に起きたオマル・トリホス大統領の暗殺事件でも背後で糸を引いていた、という疑惑が浮かび上がる。打倒ノリエガを叫ぶ市民デモが勢いを増すと、ノリエガは国家緊急事態を宣言し、憲法に定められた国民の権利を一時停止してしまった。新聞を差し止め、ラジオ局を閉鎖し、政敵を国外追放処分にした。民衆のデモも軍を動員して鎮圧したのだった。このため、アメリカとの関係はいよいよ険悪なものになっていく。アメリカ政府は、大運河を保全するためには多少の不正や独裁は見て見ぬふりをせざるをえない。だが、独裁政権が腐りきってしまえば、大運河の安全保障を揺るがしかねない。独裁者ノリエガに対する監視の輪は次第に狭まっていった。

運河の守護者アメリカと不協和音を生じさせてしまった小国パナマに、虎の子の資金を注ぎ込む顧客などいない。タックスヘイブンとしてのパナマの地位が揺らぎ始めた八六年、ふたつの有力法律事務所は合併を決断する。モサックとフォンセカは、ひとつの法律事務所として生まれ変わった。翌八七年には、パナマ国外に初めて拠点を設けて、パナマの政情不安に保険をかけたのである。

イギリス領ヴァージン諸島は、この数年前に、企業のオーナーや役員たちの名前を公表せずに、オフショア・カンパニーを設立できる法律を整えていた。モサック・フォンセカは、この新興のオフショア市場に目をつけ、パナマとヴァージン諸島の間にいわば資金洗浄の地下ルートを掘削していった。これが繁栄の礎となった。いまでは世界のオフショア企業のじつに四〇%がカリブのこの小さな島々に存在している。モサック・フォンセカこそオフショア・ビジネスの偉大な開拓者《パイオニア》だった。

アメリカのパナマ侵攻

パナマの独裁者ノリエガを追放せよ――。ホワイトハウスの秘かな指令を受けて、アメリカ国防総省はパナマ侵攻に向けた作戦計画の策定に入っていた。筆者はＮＨＫワシントン特派員として、ペンタゴンと呼ばれ、五角形にして五階建ての世界一巨大なオフィスビルに収まる国防総省を担当していた。パパ・ブッシュ共和党政権が誕生して間もない一九八九年の秋のことだった。

グレナダ侵攻、クウェート奪還、ハイチ侵攻、イラク攻撃――アメリカ軍による幾多の軍事作戦を取材したのだが、「Xデー」を見極めることほど難しいものはない。いかなる軍事オペレーションであれ、武力攻撃を始める日時は厳秘とされる。開戦情報が事前に漏れれば、敵に待ち伏せされ、夥しい犠牲者を出す恐れがある。それゆえ軍事当局は断じて「Xデー」をスクープさせない。

だが、ペンタゴンの奥深くで作戦が秘かに練られ、作戦準備が動き出すと、ホワイトハウスと軍上層部の空気は微妙に変わりはじめる。どんなところに兆しが表れるのか——そう聞かれても答えに窮してしまう。生暖かい風がすっと頬をなで、嵐の前触れとなるのに似ている。

ノリエガ事件のときは「クリスマス休暇」が予兆だった。ホワイトハウスを訪れる国防総省《ペンタゴン》の高官たちの足取りが心なしか慌ただしくなり、大統領報道官の口もかすかに重くなった。ブッシュ政権の高官たちと交わす日常の会話から、クリスマスの話題がすっと消えていった。

いずれかの国を標的に軍事オペレーションが企てられているらしい。それがどこかは責任ある地位の者は一切口にしない。だが、変事が起きるとすれば、パナマのほかにはありえない——。日々の動きを追うわれわれ担当記者はこう察して、さまざまな部門に探りを入れていった。

日が経つにつれて事態は切迫していった。ブッシュ共和党政権とパナマの独裁者ノリエガ将軍の対立は、抜き差しならないものになっていく。「Xデー」は果たしていつになるのか。最高機密に関わるインテリジェンスにはもはや誰も触れようとしなくなった。

第八二空挺部隊に動員令が下ったらしい――。有事即応部隊として真っ先に戦線に投入される部隊の動きが少しずつ漏れてくる。猟犬としての本能を研ぎ澄ましながら、ごく些細な動きを丹念に追い、「Xデー」の幅を絞り込んでいった。

その結果、ブッシュ大統領がパナマ侵攻を下令するとすれば、一二月下旬の可能性が強まりつつあった。一方で、カトリック教徒が多いパナマでクリスマスに戦端が開かれるはずがないという否定的な意見も聞こえてきた。

さまざまな観測が飛び交うなか、果たして、陸・海・空・海兵から成るアメリカ軍、総勢五万七〇〇〇人余りは、ノリエガ将軍が掌握するパナマ国防軍に怒濤のように襲いかかった。一九八九年一二月二〇日を期して、伝家の宝刀はついに抜かれたのだった。大義ある力の行使だという意をこめたのだろう。この軍事作戦は、「ジャスト・コーズ」つまり、「正当な理由」と命名された。

コロンビアの麻薬カルテルと結託して私腹を肥やし、専横の限りを尽くすパナマの独裁者ノリエガ将軍を天に代わって討つ——。これがアメリカのパパ・ブッシュ政権の言い分だった。だが、れっきとした独立国家に外国の軍隊が侵攻する。それに十分な正当性があるのか。民主主義のリーダーであるべきアメリカの後ろめたさが「ジャスト・コーズ」という作戦名に滲んでいた。

ノリエガのような独裁者など世界には掃いて捨てるほどいる。やはりパナマには大運河という、アメリカにとって死活的な利害が絡んでいるゆえのノリエガ討伐であった。

「ノリエガの居場所は事前のインテリジェンスでちゃんと把握している」

ペンタゴンの作戦担当者はわれわれ記者にこう豪語していた。

「確かな情報を握っている。奴を捕まえるのにそれほど時間はかからない」

だが、軍事作戦は錯誤の連続である。

「ジャスト・コーズ」作戦が始まり、F117「ナイトホーク」をはじめとする新鋭機三〇〇機余りがパナマ国防軍の基地を次々に空爆した。時を同じくして、運河地帯のアメリカ軍基地に潜んでいた地上部隊が次々にパナマ・シティ市街地を目指して攻め入った。

選りすぐりのスナイパーを揃えたアメリカの特殊部隊は、ノリエガ将軍が潜んでいると睨んだ隠れ家に踏み込んだ。だが、懸命の捜索もむなしく、ノリエガの姿はどこにも見当たらなかった。

アメリカ軍の手の内を知り抜いているノリエガは、遥かにしたたかだった。パナマの地下水脈には誰よりも通じていた。アメリカ軍の機先を制して、パナマ・シティのバチカン大使館に秘かに潜り込んでいたのである。

「神の代理人たる者が麻薬王を匿うというのか」

激昂したブッシュ政権の高官は、バチカン当局に、麻薬取引に塗《まみ》れた独裁者の身柄を引き渡すよう迫った。だが、バチカン側も治外法権を盾にアメリカ側の要求には応じようとしなかった。

バチカン大使館がローマのバチカン国務省と協議のうえ、独裁者ノリエガを退去させて身柄をアメリカ側に引き渡したのは、明けて九〇年の一月三日だった。アメリカ政府は、ノリエガの身柄をフロリダに護送し、麻薬密輸に関与した容疑で裁判にかけ収監した。

極小の独立国ニウエ

パナマではアメリカ・ドルがそのまま流通している。通貨の名称は「バルボア」だが、アメリカ・ドルそのものであり、この国が経済的にも超大国アメリカの完全な影響下にあることを物語っている。同じ中米のコスタリカでもアメリカ・ドルは流通するが、「コロン」という独立した通貨があり、パナマとはやや事情を異にしている。いずれにせよ、この両国は、アメリカの強い経済的影響下にある。いまでは本格的な国防軍も持っておらず、国家の安全保障をも実質的にアメリカ合衆国に委ねている。

アメリカ合衆国は、パナマも運河の両岸に持っていた広大な基地を保全する狙いもあって、五万人のアメリカ兵を送り込んで、独裁者ノリエガを追放し、裁判にかけて収監した。このパナマ侵攻によって、パナマ経済は混乱に陥り、一時、外国からの投資が落ち込んでしまう。だが、モサック・フォンセカの経営は盤石そのものだった。早々と海外に拠点を設けて、リスクの分散を図っていたからだ。パナマ経済の評価は地に墜ちたが、モサック・フォンセカは隆盛の一途を辿っていく。

「オフショア・ビジネスは日々新たなり」

モサック・フォンセカの合言葉だ。

利用し甲斐があるタックスヘイブンを見つけ出せ。現状に甘んじていてはいけない。自らの創意工夫で相手国の政府へ巧みなロビー活動を仕掛けろ。新たな租税回避地を自ら創り出してこそ、ビジネス・チャンスがある——。モサック・フォンセカの首脳陣はこうスタッフに檄を飛ばした。

モサック・フォンセカの着眼は鋭かった。ニュージーランドの沖合にひっそりと浮かぶ小さなサンゴ礁の島を金の卵と見立てたのである。南太平洋の端にある、この島の人口はわずかに二〇〇〇人。だが、れっきとした独立国だ。仕掛ける側にとって幸いなことに、国庫に金はほとんどない。

オフショア・ビジネスの帝王、モサック・フォンセカの実力をもってすれば、極小の独立国ニウエに法律を改正させることなど、現地に幼稚園をつくるより易しかった。

「あなた方のような小さな独立国が潤うにはほかに方法はありませんよ。タックスヘイブンになって、国の懐を豊かにしようではありませんか。心配は何も要りません。ノウハウは私どもがすべて提供させてもらいます。必要ならスタッフを出向させてもいい」

ニウエにとっては、まさしく悪魔の囁きだった。ノリエガ事件から五年が経った一九九四年のことだ。

モサック・フォンセカにとってニウエが秘める価値は純度の高い金鉱山に匹敵した。アジア太平洋地域の時間帯で仕事ができ、競争相手はどこにも見当たらない。この国にオフショア企業を設立する利権を二〇年間にわたって独占する——。こんな契約をモサック・フォンセカはニウエ政府と取り交わすことに成功したのである。

モサック・フォンセカの天才的な切れ味はこれだけではない。そのユニークな登記方法に存分に発揮された。

「ニウエでは中国語とキリル文字で登記手続きができます」

中国やロシアの企業、それに超富裕層を呼び込むための撒き餌だった。はたせるかな、ニウエのオフショア・ビジネスは爆発的に伸び続けた。二〇〇一年には、ニウエ政府の国家予算二〇〇万ドルのうち、およそ八割を登記料でまかなうまでになった。ニウエはパナマの一法律事務所の属国になり下がってしまったのである。

二〇〇一年九月の同時多発テロ事件を受けて、アメリカ財務省のテロ資金調査チームは、ニウエのオフショア・ビジネスが多国籍企業だけでなく、ロシアや中南米の麻薬・武器マフィアの温床になっている実態を摑んでいった。国際テロ組織に流れ込む不正な資金を絶て——。アメリカのジョージ・W・ブッシュ政権は、ニウエ政府に経済制裁をちらつかせながら、不明朗な取引に監視を強めるよう詰め寄った。さらに、黒い資金の洗浄を阻むため、主要国が連携して多国間のタスクフォースがつくられた。真っ先に血祭りに挙げたのはニウエだった。同時多発テロ事件を境に極小の島嶼《とうしょ》国家ニウエとモサック・フォンセカとの蜜月は終わりを告げた。

アメリカ財務省の強い働きかけもあって、チェースマンハッタン銀行をはじめとするアメリカの大手銀行は、ニウエへのドル送金を相次いで停止してしまう。世界の基軸通貨ドルを送金できないオフショア市場など利用価値はないに等しい。二〇〇三年、ニウエ政府は、モサック・フォンセカとの独占契約を破棄すると宣告した。そしてモサック・フォンセカが設立に関わったオフショア企業群の登記の更新を認めなくなった。

だがモサック・フォンセカ側は少しも慌てなかった。ニウエ政府が宗旨を変えたのなら、〝新たなニウエ〟を探せばいい――。近くのサモアが新しい標的となった。ひとつのオフショア・センターが危機に瀕すると、次なる拠点にビジネスの場を移す。

「これじゃオフショア・ビジネスの焼き畑農業じゃないか」

ニューヨークの銀行関係者はこう揶揄した。

続いて二〇〇五年、イギリス領ヴァージン諸島が無記名株の発行を禁止する措置に踏み切った。国際的な批判がオフショア市場に向けられていたからだ。これを受けて、モサック・フォンセカは、無記名株の発行部門をヴァージン諸島から切り離し、本拠のパナマに戻している。無記名株には所有者の名前が記載されていない。かつて日本興業銀行が発行していた割引金融債「ワリコー」なども無記名だったため、政治資金のやりとりなどに使われてきた。無記名株も実際の所有者を表に出さずに済むため、資金洗浄の手段として重宝されてきたのである。

モサック・フォンセカの重要顧客のリストには、国際テロ組織、麻薬密売王、さらには北朝鮮やイランの核開発に関与しているフロント企業群が連なっている。アメリカの司法当局がブラックリストに挙げる企業は三三社にのぼっている。その代表格は、メキシコのグアダラハラの麻薬王、ラファエル・カロ・キンテロだった。モサック・フォンセカは客の選り好みをしない。顧客も、ビジネスのスタイルもまた、日々新たなり、なのである。

モサックが先か、フォンセカが先か

過去の人生をきれいに消し去り、まったく新しい人生を始めたいなら、中米のパナマに行け——運河を抱えるパナマの暗部を巧みに衝いた箴言《しんげん》だ。パナマに聳え立つ有力法律事務所モサック・フォンセカはこの地で再生を果たした。イギリスのエスピオナージ作家ジョン・ル・カレが造形した偽りのテイラー「ペンデル＆ブレイスウェイド」もまた、パナマで生まれ変わっている。

『パナマの仕立屋』のなかに、イギリス秘密情報部員、アンドルー・オスナードが仕立屋「ペンデル＆ブレイスウェイド」を初めて訪ねる場面が描かれている。ロンドンからやってきた男は、店に掲げられたかつての共同経営者、ミスター・ブレイスウェイドの写真を不思議そうに見上げて、なかなか鋭い質問を放っている。

「ふつうならブレイスウェイド&ペンデルと命名するのではありませんか。歳もあなたより上だし、しかもお世話になったパートナーの名を先に据えるんじゃないですか。たとえ、すでにこの世にいないひととはいえ――」

主人のペンデルは動揺の色を少しも見せずにこう応じている。

「ええ、じつはこれにはちょっと事情があるんですよ。この命名はすでに末期を迎えていたブレイスウェイドのたっての願いだったのです。〝わが息子よ〟と彼は呼びかけました。〝若さは歳に勝るものだ。これからはP&Bにするがいいと。そうすればもう、あの石油会社とまちがえられずに済むからね〟とね」

「あの石油会社」とはもちろんBP・ブリティッシュ・ペトロリアム社のことだ。

ロンドンの諜報界からやってきたオスナードが、もし法律事務所モサック・フォンセカを訪ねたなら、共同経営者のひとり、ミスター・モサックにも同じような疑問をぶつけることだろう。

「ここパナマでは、共同経営者のフォンセカ氏は地元の方ですし、そう言っては失礼に当たるかもしれませんが、あなたより由緒正しい出自を誇っておられます。いえ、あなたのことをとやかく申し上げているのではありません。あくまでもパナマに永く住んでいるという意味で言っているのです。しかしながら、なぜドイツ生まれのモサックさん、あなたの名前が先に置かれているのか、いえ、ちょっと気になっただけなのですが——」

法律事務所「モサック・フォンセカ」の共同経営者、ラモン・フォンセカ・モーラは、パナマ政界の重鎮として知られているだけではない。文学賞の受賞歴もある著名な作家でもある。代表作は*Dance of the Butterflies*と*Mr. Politicus*。後者は政治権力のなかに蠢く官僚が、どす黒い欲望を満たすため、手練手管を駆使して富と権力を手にする物語だ。

フォンセカは、パナマ大学を卒業し、LSE（ロンドン・スクール・オブ・エコノミクス）に学んだ正統派の知的エリートだ。ジュネーブの国連機関で六年勤めた後、一九七七年にパナマに帰国して、秘書がたったひとりの小さな法律事務所を開いている。スーツケースひとつをぶら提げて、古巣のスイスや新興の中国をめぐり、新しい顧客を求めて歩き回った。オフショア・ビジネスが黄金期を迎えようとしていた時期だった。国家間の貿易量は膨らみ、金融の取引量も飛躍的に増えつつあった。各国は外国企業を誘致しようと、競って二重課税を防止する協定を結んでいる。企業もまた法人税の割安な国に本拠地を移し、企業の損失を税率の高い国に回すようになっていった。

フォンセカはやがて政界にも進出する。そして与党であるパナメニスタ政権のナンバー・ツーの実力者に収まり、フアン・カルロス・バレラ大統領の重要な相談相手となった。

最近まで内閣にもポストを持っていた。

パナマ政界の大立者

アメリカの情報当局のデータベースは、ラモン・フォンセカ・モーラの経歴は表の貌ほどきれいなものではないと示唆している。中南米からカリブ世界を蝕んでいる麻薬取引に手を貸しているらしい——。そんな疑惑がこの大物には常に付きまとっている。

彼がじかに麻薬を扱っているのではない。麻薬マフィアのマネーロンダリングにモサック・フォンセカが背後で手を貸していると疑っている。それゆえパナマ政府でフォンセカが治安警察を統括する内務大臣になることを、アメリカ政府は承諾しようとしないのである。

こうしたタイプのフィクサーは、政界の奥の院にひっそりと身を潜めているのが常だ。ところがフォンセカは陽気なパナマ人気質のゆえか、メディアにもしばしば登場して派手な話題を振り撒いてきた。

「あなたはオフショア企業の悪事に手を貸しているのでは」というメディアの批判に傲然

と反論してみせた。

「私が設立に手を貸したオフショア会社が悪用されている、ですと――。ちょっと待ってほしい。私の自動車工場が車を造ったと考えてみたまえ。その車が強盗事件に使われたからと言って、自動車工場が非難されるいわれはない。それと同じではないか。わが法律事務所がオフショア企業を立ち上げてやっても、彼らがしていることで私が非難される筋合いはないじゃないか」

今回、「パナマ文書」でリークされた情報のほとんどは、合法的な取引に関する書類にすぎない。株主登録、銀行口座の明細書、弁護士や会計士と顧客が交わしたメール記録、それにパスポートのコピーや契約書。だが、ジグソーパズルのピースをはめ込むように、それらの小片から全体像を読み解いていくと、興味深い構図が浮かび上がってくる。オフショアを舞台に、大がかりな資金洗浄や脱税の隠蔽工作がグローバルな規模で行われている実態が浮かび上がってくる。

モサック・フォンセカは、匿名で不動産を購入したいと望むドイツ人の富豪に言葉巧みにプレゼンテーションを行った。その記録が「パナマ文書」に残されていた。

「まず換金可能な資産を現金に換えていただきます。そのキャッシュをエスクロー口座、もしくは第三者名義の口座に入金してもらいます。ちなみにエスクロー口座とは、取引の安全性を保証するために、信頼できる第三者に預託する口座をいいます。その後、その金はいったんオフショア企業に送金されます。次いでその会社の組織を改編し、モサック・フォンセカが所有者となる形をとり、不動産を購入します。こうすれば、あなたの名前は全く外に出ずに済むことになります」

出資者の足跡をきれいに消してしまう仕組みを創り上げれば、不動産売買の代金を扱う銀行もドイツ人が真の所有者だと知ることはできないと説明に努めている。もっと念を入れたければ、年間一万七五〇〇ドル、日本円で約一七五万円の手数料で、オーナーの身代わりとなる人物を提供することもできると持ちかけた。実際にこうした仕組みで身代わりのオーナー役を務めてきたのが、フォンセカの元の義父で、パナマ在住の英国人エドモンド・ワードだったこともパナマ文書に記されている。

サヴィル・ロー仕込みの仕立屋

ル・カレ著『パナマの仕立屋』の「ペンデル&ブレイスウェイド」と「パナマ文書」の「モサック・フォンセカ」。ふたつの組織は、その出自のわかりにくさや秘密めいた合併の経緯の点でも似た者同士なのである。

パナマの名だたる名士を顧客に持つ、この街きっての名門テイラー「ペンデル&ブレイスウェイド」。店の主人で、イギリス出身のハリー・ペンデルは、サヴィル・ローで師匠のブレイスウェイドからみっちりと仕込まれてパナマにやってきた、という触れ込みだった。パナマ湾を見下ろす高台に瀟洒な邸を持ち、愛しの妻とふたりの子供に囲まれて幸せに暮らしている。一見したところ、パナマへの移住者として、申し分のない成功者のように見える。

ル・カレの『パナマの仕立屋』では、話し言葉をめぐって、情報《インテリジェンス》を生業とする者ならではのやり取りが描写されている。

イギリス秘密情報部員アンドルー・オスナードが仕立屋の主人ペンデルに初めて電話をかけて訪問を告げる。ペンデルもオスナードもイギリス人であり、相手の話し言葉にはことのほか敏感だった。オスナードには、ペンデルの声はやさしく響いたが、しゃべり方から察して、生まれ育ちはロンドンのイースト・エンド界隈とあたりをつけた。リーマン・ストリート特有の気配を残している。母音を正しく発音しようとすると、その抑揚と母音の接続がおかしくなってしまうのだ。いまでは表向き、発音にはとりたてて問題がないとしても、口をついて出る語彙がいささか大袈裟だった。ペンデルはロンドンの下町生まれにちがいなく、そんな生まれを巧みに隠すため、かなりの鍛錬を積んだ節が窺える。情報《インテリジェンス》を生業とするオスナードは、電話でのちょっとしたやり取りからそう読み解いた。

一方で、仕立屋の主人、ペンデルは、オスナードのせっかちで不明瞭な早口から、わがベニー叔父に高級な背広を注文しておきながら、売掛金を始終踏み倒して恥じなかった、オックスブリッジ出身の粗野な特権階級を思い出していたのである。

『パナマの仕立屋』の著者ジョン・ル・カレは、上流階級の子弟が多いパブリック・スクールに通い、オックスフォード大学のリンカーン・カレッジを優等の成績で卒業している。その後、イギリス外務省に外交官として奉職した整った経歴を持っている。しかし、実際には逮捕歴のある父親を持ち、勤務先の外務省は単にカモフラージュにすぎなかった。本当の生業はスパイだった。そんなル・カレも、上流階級に特有の、いささか口ごもるような話し方を完璧にこなすことができた。偽りの支配階級の市民であった。

ル・カレの父親、ロニーは、子供たちが幼かったころは、ドーセット地方の方言で話していたという。Rの音は激しい巻き舌、Aの母音はやや間延びする独特の訛りがあった。だが、息子たちが長じるにつれ、ロニーは努めて訛りを矯正し、完璧とは言いがたかったが、品の良い紳士の言葉を話せるようになっていた。そして息子たちにも上流階級のアクセントと話し方を徹底して躾けたという。

ジョン・ル・カレは、イギリスでは話し言葉こそ出身の階層を見分ける確かな物差しだと述べている。

「誰もが知っているように、イギリス人はその話し言葉でどの社会階層に属しているか、容易に仕分けされてしまう。かつてイギリスでは、どの社会ブランドに属するか、それは確かに大きな意味があった」

ブランドいかんによって、軍隊では将校にもなれるし、銀行から金を借り入れることもできる。警官から敬意を持って遇されもする。ロンドンの金融街シティで良い職にありつくこともできると述べている。どうせ話すなら、上流階級に見られるような言葉を使え――これがル・カレが育ったコーンウェル家の家訓だった。

いま電話口の向こう側にいる仕立屋の人生には虚飾の色がほのかに透けて見える――。イギリス秘密情報部員オスナードは、これから情報源に仕立て上げようとする相手が漂わせている出自のいかがわしさににんまりとした。

サヴィル・ローの名店で手塩にかけて育ててくれた親方ブレイスウェイドなどははじめから存在しない。実際にペンデルの仕立ての技術は九〇〇日余りを過ごしたイギリスの刑務所で身につけたものであり、店の中央に架けてあるブレイスウェイドの肖像写真もまったくのつくり物だ。オスナードは、パナマへの赴任にあたって仕込んできた情報の裏をひとつひとつとっていった。

モサック一族の闇

モサック・フォンセカのもうひとりの創始者ユルゲン・モサックは、一九四八年にドイツのババリア地方で生まれた。一三の歳に家族とともに故国ドイツを出て、アメリカ合衆国を経て、中米のパナマへ移住している。それは地球の裏側への長い旅路だった。

パナマ大学では法律を学び、やがて弁護士を職業に選んでいる。一九七五年にはヨーロッパに渡り、ロンドンなどで働いた後、一九七七年にはパナマへ舞い戻って自分の法律事務所を開いたのだった。

そもそもモサック一家は、なぜ祖国ドイツでの暮らしを捨ててパナマに移り住んだのだろう。そのカギは父親のエアハルト・モサックの人生に隠されていた。アメリカ軍の諜報部隊の記録は、父、エアハルト・モサックが、CIA・アメリカ中央情報局への情報提供者《インフォーマント》だったと記している。直截《ちょくせつ》に言えば密告者だったのである。パナマへの移住後は、主に現地で活動するキューバの共産主義者たちを監視し、CIAに通報していたという。当時、アメリカ合衆国の喉元には、フィデロ・カストロが率いる社会主義国キューバが出現し、重大な脅威になっていた。ＣＩＡは反米派の動向に関する情報に飢えていた。

父、エアハルト・モサックは、いったいいつ、ＣＩＡのエージェントにリクルートされたのか。第二次世界大戦中のエアハルトの軍歴にそのヒントがある。ドイツ連邦公文書館のナチス・ドイツ軍関連の文書によれば、エアハルトはナチス武装親衛隊に所属していた。ＳＳ・ナチス親衛隊の武装組織である。

アメリカ国内に外国のスパイが浸透してくるのを防ぐＦＢＩ・アメリカ連邦捜査局の記録によれば、エアハルト・モサックは一九二四年四月一六日にホイエスベルダ郡グルーベエリカに生まれた。一五歳になるとナチス・ドイツの少年組織ヒトラー・ユーゲントに入隊を果たし、一八歳でナチス武装親衛隊の一員となっている。筋金入りのナチスの経歴である。エアハルトの左上腕の内側には血液型を示す刺青が彫られていた。武装親衛隊の隊員であることを示すいわば勲章だった。戦場で負傷したときには、いち早く輸血を受けられるよう施された刺青なのだ。

エアハルトは、一九四二年、ナチス・ドイツ軍では「髑髏《どくろ》師団」として勇名を馳せた第三ＳＳ装甲師団に移り、チェコスロバキア、フィンランド、続いてノルウェーと転戦した。そして一九四四年九月にはナチス親衛隊の兵長に昇進している。その直後にドイツ本国を目指して怒濤の進撃を続けていた連合軍と戦うため西部戦線に送られた。そこでアメリカ軍に捕らえられ捕虜となった。ナチス・ドイツが敗れる直前の一九四五年三月のことだった。

エアハルトは志操堅固のナチス兵だったのだろう。フランスのルアーヴル捕虜収容所から奪ったトラックで脱走し、ドイツに逃げ帰った。だが、敗戦の翌四六年には、オッフェンバッハに潜んでいたところを占領軍に捕らえられ、アメリカ軍のCIC・対敵情報部隊によって取り調べを受けた。

CICの尋問調書には次のように記されている。

「エアハルト・モサック。身長一七六センチ、痩せて筋肉質、金髪、唇が薄く、意志の強い顔つき。職業は鍵職人。左腕の下には血液型の刺青を消した痕がある。証言の信頼性は確かめられていない。戦犯の訴追を逃れるため、隠し事をしている可能性あり」

さらに、エアハルト・モサックの人物像をこう記述している。

「モサックはナチのイデオロギーに完璧に染まっている。典型的なヒトラー・ユーゲントのリーダーであり、いまもなおナチのスローガンを思想の拠り所とし、自分だけの世界に生きている。ヒトラー政権下におけるドイツ青年の注目すべきひとつの典型例といえよう」

だが、取り調べにあたってエアハルトは、ナチス・ドイツの残党が関係する地下組織の極秘情報を進んで提供し、メンバーの詳細な名簿も当局に手渡していた。ナチから転向して共産主義者となったグループと、共産主義者のふりをしながらナチズムを信奉するグループのふたつが存在していた。モサックはこのふたつの組織の動向をＣＩＣに密告していたのである。

尋問調書はモサックの積極的な密告の動機について慎重な見方を示している。

「モサックはなぜナチ残党の地下組織に加わろうとしたのか。組織の情報をＣＩＣに提供することで、アメリカ軍に取り入るつもりだったのか否かは明白ではない。さしあたって難局を逃れるための、ずる賢い企てにすぎなかったかもしれない」

ナチの終の棲み家

元武装親衛隊員エアハルト・モサックは、なぜ敵国アメリカに進んで協力し、その果てに入国を許されたのだろうか。一九五〇年代にアメリカで制定された移民法では、ナチスの要員がアメリカに入国することを禁じていなかった。モサック一家も祖国ドイツを離れるにあたって、昨日の仇敵、アメリカ合衆国を渡航目的地と記していた。

アメリカ行きのビザは、戦乱に翻弄された移民や難民にとって、いまも、かつても命に等しい貴重品だった。杉原千畝《ちうね》がユダヤ難民に発給した六〇〇〇人の査証が「命のビザ」と呼ばれるゆえんだ。大戦で祖国を失ったヨーロッパの難民は七〇〇万人を超える。だが、戦後三年の間にアメリカ政府が受け入れた難民はわずか四万人にすぎなかった。

そうしたなか、なぜモサック一家がアメリカ合衆国への入国ビザを手にできたのか。その理由はたったひとつ。エアハルト・モサックが戦後、ナチから転向し、かつての仲間をアメリカの情報機関に売ったユダであったからだ。

アメリカ政府の公文書にその証拠が記載されている。アメリカ軍の情報機関とＣＩＡのために働いた元ナチス親衛隊員の協力者リストにエアハルト・モサックの名が明記されている。だが、軍の情報機関もＣＩＡも、貴重な情報を提供してくれたナチス武装親衛隊員だからといって、アメリカの永住権や国籍を褒賞として与えたわけではない。その代わりに、モサック一家がアメリカを経由してパナマに渡る斡旋をしたのだろう。そしてパナマを拠点に中南米に逃れたナチスの残党を監視させ、アメリカに牙を剝くカストロ一派の動向を追わせていたのである。

ナチス武装親衛隊にいた経歴を持つ男は、民主主義の旗頭、アメリカでは「好ましからざる人物」だった。だが、パナマなら汚れた前歴を持つ者など少しも珍しくない。モサック一家もパナマを終の棲み家としたのだった。

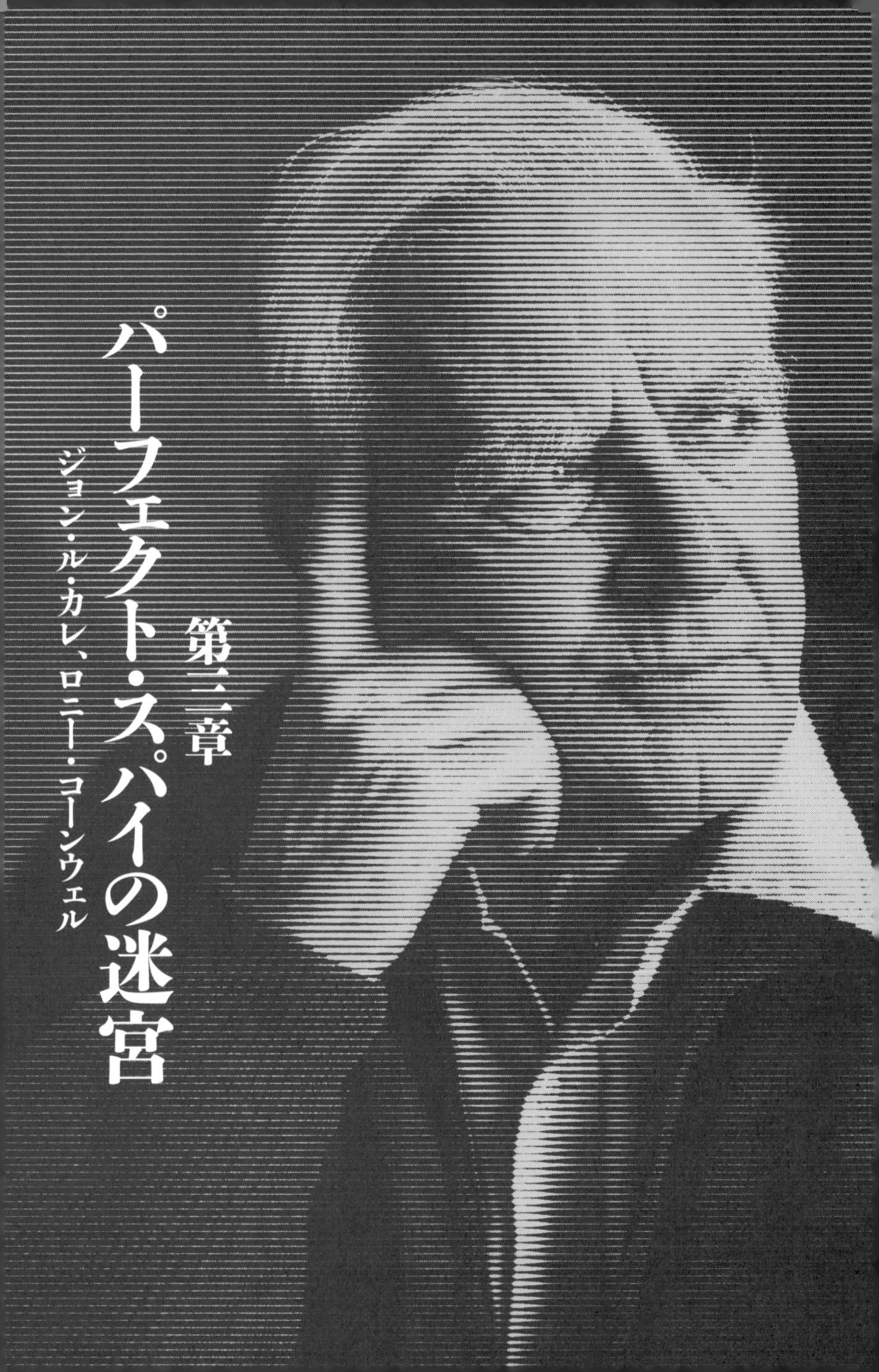

第三章

パーフェクト・スパイの迷宮

ジョン・ル・カレ、ロニー・コーンウェル

少年使節、パリへ

ジョン・ル・カレことデービッド・コーンウェルは六〇年以上も前からパナマと不思議な縁で結ばれていた。兄のトニーは一八歳、弟のデービッドが一六歳だった。パブリック・スクールが長い夏休みに入って寄宿舎から実家に帰省し、ふたりはやることもないまま退屈しきっていた。そんな折、父親のロニーことロナルドが顔を見せ、唐突にパリ行きの話を持ち出した。ル・カレが雑誌『ニューヨーカー』で披露したエピソードは、父親のロニーと息子たちの風変わりな関係を窺わせて興味深い。

「どうだ、お前たち。パリに一週間ほど旅に出てみる気はないか。楽しんでくるといい」

兄弟は怪訝な表情で父親の顔を見上げた。ふだんは子供たちのことなどまるで気にかけない父親が、こんな優しい言葉をかけるはずなどない。そもそも、わが家にそんな金がどこを探せばあるというのか。だが意外なことに父親のロニーはパリまでの旅費を現金でぽんと渡してくれた。

「パリに着いて、まだ金が要るようなら、彼の地のパナマ大使閣下がいくらでも用立ててくださるはずだ」

そしてパナマ大使公邸の住所を記した紙きれをくれ、フランスに全権として駐箚《ちゅうさつ》するパナマ大使こそ当代一流の人物だとさも親しげに話すのだった。永年の盟友であるかのような口ぶりだった。この「盟友」と父のロニーは文字通り酒が取り持つ間柄だった。パナマ大使のために、ロニーはスコッチ・ウィスキーやブランデーをイギリス国内で大量に仕入れ、ラベルをきれいに剝がして、パナマ政府のクーリエでパリのパナマ大使公邸に送りつけてあるという。クーリエとは、本国と各国の大使館、そして大使館の間を結んで外交文書や荷物を運ぶ業務をいう。機密文書も多く含まれるため厳重な封印が施され、"DIPLOMAT"（外交官）の文字が印刷された巾着袋「外交行嚢《こうのう》」が使われる。税関は、外

外交特権が適用される外交行嚢を開封して中身を確認することができない。英仏間のモノの動きにも関税がかけられていた当時、クーリエを使うことで酒への課税を免れたのだ。

父親が語るところでは、パナマ大使はイギリスから送られたロニーの酒瓶の箱を受け取ると、パリの大使公邸の貯蔵庫で荷物をほどき、気の利いた銘柄を選んで新しいラベルを瓶に貼り付ける。そして再び外交特権が利くクーリエに仕立ててパナマ本国に送ってひと儲けしたはず――父親のロニーはさも自信ありげにこう語ったという。

「事はすべてうまく運んだはずだ。いよいよその儲けを回収する時が来た」

父親は気が大きくなったのか、息子たちに厳かにこう告げた。

「大使からうまく金を回収できたら、そのうちの五〇ポンドはお前たちが自由に使ってよろしい」

ナポレオン軍を撃破すべく欧州大陸に向かったウェリントン公のように、ふたりの息子は客船に乗ってドーバー海峡を渡っていった。

パナマ大使公邸にて

コーンウェル兄弟はパリに到着すると、地図を開いてパナマ大使の公邸を探し当て、勇んで当代一級の人物を訪れたのだった。玄関でふたりは執事に鄭重に迎えられた。やがて大使閣下と大使夫人が優雅な所作でコーンウェル家の令息たちの前にお出ましになった。そのうえ年若い賓客のために晩餐の席まで設けてくれた。その夜のフランス料理のなんと美味だったことか。兄弟は国王陛下の特使にでもなったかのように、高貴なる任務に高揚感を味わい、心楽しいひとときを過ごしたのだった。

召し使いたちがメインディッシュを下げ、デザートが供される頃合いを見計らって、コーンウェル兄弟はおずおずと酒の代金の件を切り出した。

パナマ大使は不思議そうな顔つきでふたりを見やり、静かに呟いた。

「いったい、どうしてこの私が君たちに金を支払わねばならないのかね」

大使閣下はじつに魅力的な笑みを湛えながらこう付け加えた。

「君たちの父上こそ、この私に相当な借りがあるのだが――」

父親のロニーが子供たちに告げていなかった事実があった。

ラベルのないウィスキーやブランデーを仕入れるため、パナマ大使はロニーに前もって仕入れ代を払っていたというのだ。にもかかわらず、その最初の荷すら公邸には届かず、到着をいまなお待ち続けていた、と今度はいささか鋭い視線でふたりを睨みつけた。

さしものコーンウェル兄弟も恐懼《きょうく》して大使公邸を立ち去らなければならなかった。

パナマ大使の話は果たして真実だったのか。それとも分け前の金を惜しんで兄弟を騙したのか。

「当時の自分には、そのいずれであるかを判断する眼力は備わっていなかった。もっとも、いまでも、それは変わらないのだが――」

当代きってのエスピオナージ作家は自嘲気味にこう述べている。

ル・カレはパナマ大使の面影に思いを致しながら、大使閣下の人物を「dubious《ドゥービアス》」と表現している。半ば父親の肩を持って「どこか胡散臭い」といったニュアンスを滲ませている。

極上のバーで美女たちと

パナマ大使公邸訪問の翌日、ふたりの息子は、父親ロニーから命じられたふたつ目の任務を果たすべく、ジョルジュ・V・ホテルへと出かけていった。

「あのホテルには極上のバーがある。その椅子にゆったりと腰かけ、各国の美女たちと肩を並べてマティーニのグラスを傾けるんだ」

そして父と馴染みのコンシェルジュを呼びつけろと言う。

「奴にまず挨拶して、パナマ大使から受け取った金のうちから一〇ポンドをチップとしてこっそり握らせろ。そして、ホテルに預けてある私のゴルフ・クラブを取り戻してこい」

だが、兄弟には一〇ポンドの持ち合わせなどあろうはずがない。パナマ大使は一ポンドもくれなかったのだから。もっとも、たとえチップの紙幣を持っていたとしても、結果は同じだったろう。

コンシェルジュを呼び出して用件を伝えたのだが、彼は表情ひとつ変えずにすぐ傍らのベルを押した。やがてホテルの支配人が扉の陰から姿を現し、これまた感情を殺してこう告げた。

「あなた方の父上が当ホテルの滞在費をお支払いくださるまでは、ゴルフ・クラブをお返しするわけにはまいりません」

たとえゴルフ・クラブが一〇〇セットあろうが、わがホテルの滞在費をまかなうにはとうてい足りない――やがて支配人は怒りでこめかみを震わせ、ふたりはこのまま監禁されてしまうのではないかと怖気づくほどだった。

結局、人質になることは免れたのだが、兄弟はそそくさとジョルジュ・V・ホテルから退散しなければならなかった。一文無しのコーンウェル兄弟は、セーヌ河のほとりに佇み、ホームレスの一群に交じって、バゲットをかじって飢えを凌いだ。そしていかがわしい赤ワインを喉に流し込んで、三日間のパリの休日を過ごさなければならなかった。

詐欺師の父を持てば

ジョン・ル・カレことデービッド・コーンウェル少年は、ひどく惨めな、だが同級生が決して体験できない特別な夏休みを終えて、パブリック・スクールの寄宿舎に戻っていった。

「わが人生にとって、金などものの数ではない。人々から敬意をもって遇されること、これこそが至上の価値だと心得よ」

父のロニーは息子たちをこう諭して、名門の子弟が入学するパブリック・スクールに無理を重ねて息子たちを通わせている。だが、ロニーの懐具合がしばしば思わしくなくなり、学費を滞らせて退学を求められることも珍しくなかった。学校側と折衝して、当時、イギリス国内では入手が難しかったドライフルーツやジンの現物で支払ったことさえあった。ロニーは戦中、戦後を通じて闇物資の横流しを生業のひとつとしていたのだ。

デービッド少年は、親しい友達もなく、心許せる教師もおらず、深い孤独のなかで過ごさなければならなかった。名門校のどこにも彼の居場所は見当たらなかった。詐欺師の父を家長とする家庭環境を後ろめたく思い、他人との距離をことさらに保って、自分のなかに閉じこもる生徒だった。

ジョン・ル・カレの最高傑作のひとつ『ティンカー、テイラー、ソルジャー、スパイ』（ハヤカワ文庫ＮＶ）。第二次世界大戦を対独情報戦で見事な勝利に導いたイギリスのインテリジェンス・サークルを奈落の底に叩き落としたキム・フィルビーの二重スパイ事件に触発されて書かれた作品である。

その冒頭に、読む者の心を打つ光景が描かれている。名門のパブリック・スクールに転校してきた孤独な少年ビル・ローチ。彼は、イギリス秘密情報部を逐われた元スパイがトレイラーを運転して、臨時雇いの教師として赴任してくる様を目撃する。やがてこのふたりにほのかな友情が生まれていく。両親が離婚して友達もいない転入生のビル・ローチ少年と臨時雇いでトレイラーにひとり暮らす元スパイ。二人の登場人物には、ル・カレの屈折した少年時代と、名門パブリックスクールのイートン校でドイツ語を教えた若き日の姿がそれとなく投影されている。

デービッド・コーンウェルは、パブリック・スクールからスイスに渡ってベルン大学で学び、オックスフォード大学のリンカーン・カレッジを卒業した。その後、イートン校で二年間、教師として勤め、イギリス秘密情報部を志願してインテリジェンス・オフィサーとなった。

詐欺師の父親の存在をイギリスの情報当局は知っていたのだろうか。結論は「イエス」だった。彼らの身元調査ほど行き届いたものはない。面接の折に尋ねられた女性の名前を聞いて、若い頃にたった一度だけ関係を持った記憶が蘇ったという応募者もいる。イギリスの諜報当局の最終面接を終えて、採用が内定した後のことだった。人事の担当者がル・

カレにぽつりと尋ねたという。

「ところで君は、あの父上をもう許したのかね」

彼らはすべてを承知していたのである。

ル・カレは父親譲りの天使の微笑みを湛えてこう応じた。

「ええ、もう、とうの昔に許しました」

イギリス秘密情報部の人事当局は、ル・カレの父親が数々の逮捕歴を持つ詐欺師であることをむろん承知していた。だが、かかる家庭環境は、インテリジェンス・オフィサーを目指す者には必ずしも負の財産ではないと考えていたのである。

インテリジェンス・ワールドでは、偽りと欺きと裏切りを日常として生きなければならない。そうした宿命を背負う者が、詐欺師の父親のもとで育っていれば、桁外れの人間的魅力にさらに磨きがかかり、そのうえ忍耐強さも備わっているはずだ。そんなスパイはエージェントの心を鷲摑みにし、思いもかけぬ戦果をあげるかもしれない。

それゆえ、リクルーターは、詐欺師の息子も悪くないと考えたのだろう。同時に冷徹な情報官僚としての直観で、ル・カレは父親から受け継いだ無頼の血を巧みに隠し、正気という仮面を被る術を身につけていると見抜いたのだった。そうやって現実の社会と折り合いをつける資質は一級のスパイとなるにふさわしいと判断したのだった。

モンテカルロのカジノ王

稀代の詐欺師、ロニー・コーンウェルは、一七歳だった次男のデービッドを伴って、モナコのモンテカルロの高級カジノにも現れた。大きな賭け金を張る客専用の部屋に悠然と入っていき、まずはブランデーのジンジャー割りを注文する。そしてルーレットのテーブルにつき、隣に座れと息子に目で促す。ロニーの向こう隣にはいかにも大物然とした紳士が座っていた。エジプト王ファルーク一世の侍従だった。五〇歳すぎだろうか。モンテカルロでは誰知らぬ者なきギャンブラーだ。

銀髪が交じった髪をかきあげて、チップを張るしぐさは、洗練された紳士のそれだった。脇には純白の電話が置かれている。ファルーク王とじかにやり取りするホットラインなのである。リーン、リーン。呼び出し音が鳴ると侍従はほっそりとした指で受話器を取り上げる。長いまつげを伏せてじっと耳を傾け、傍らの紙にメモを書きつける。

そして、ルーレットの赤と黒、三七種類の数字に大金を張っていく。すべての決断は、アレキサンドリアか、カイロにいるらしい占星術師のお告げによるのである。ロニーはしばしその様子を観察し、自分も赤と黒、偶数と奇数にチップを張っていく。一〇から二〇、二〇から五〇、と徐々に吊り上げていく。そして、手元に置かれたチップが最後の一枚になるまで張り続ける。

ロニーは山勘で張っているわけでも、数字遊びをしているのでもない。息子のデービッドはやがて、父の手口が特異なものであることに気づいた。そう、かのファルーク王を向こうにまわして勝負に出ていたのである。エジプトの王様が黒といえば、ロニーは赤。相手が奇数ならこちらは偶数。

こうして賭け金はたちまち膨大な額に吊り上がり、周りの客たちは息をのんで見守るのだった。ロニーはファルーク王と戦っていたのではない。占星術師に憑依したナイルの神を相手に勝負を挑んでいたのだった。全能の神はロニーとともにおわします。ロニー様にとってアラブの君主などは敵にあらずと宣告してみせたかったのだろう。こうして、息子が通うパブリック・スクールの一年分の学費が、たちまちディーラーがかき集めるレーキのなかに消えていった。

カジノの王宮を覆う夜空が青白い光とともに明け染めるなか、父と息子は肩を並べて、モンテカルロの大通りを終夜営業の宝石店に向かっていた。ロニーがいつも大切にポケットに忍ばせていたプラチナ製のシガレット・ケースを質草に入れるために。

だが、われらがロニーはこれしきのことで気落ちしたりはしない。今夜の勝負が取り持つ縁で数日後にはファルーク王の侍従と名刺を交換する仲になるのだ。そして後日、頃合いを見計らってカイロに国際電話を入れる。

「覚えていらっしゃいますか、あの晩、国王陛下とルーレットをご一緒した者です」

こう自己紹介して、来週、所用で中東に行く用事があるのだが、陛下と一献傾ける機会をつくってはいただけないかと持ちかける。

「もしそういう機会をいただけるなら、仕事のスケジュールを調整してカイロに立ち寄りたく存じます」

いや、今回は国王との謁見がかなわなくてもいい。いつか、どこかで、お近づきになる機会がないとも限らない。そう考えているうちに、エジプトの国王はロニーにとってすでに親しい友人になりかけている。そしてこのエピソードは新たな顧客を獲得する、またとない撒き餌になるのだった。

ロスチャイルド卿の「令夫人」

ル・カレことデービッド・コーンウェルが、スイスのベルン大学を経てオックスフォード大学のリンカーン・カレッジで学んでいたときのことであった。父親のロニーから呼び出しを受けた。

「ぜひともお前に会わせたいご婦人がいる。ロンドンに出てこないか。勉強はオックスフォードでなくてもできるだろう」

この女性は「ロスチャイルド男爵の未亡人」と名乗り、ロニーを訪ねてきたという。第二次世界大戦中にナチス・ドイツ軍に占領されていた東ヨーロッパの出身で、彼女の話によれば、故国で膨大な財産をナチス・ドイツに没収されてしまったらしい。しかし、故国を逃れる際、隠しておいた金銀、財宝を収めた大型の木箱《チェスト》を信頼するカトリックの神父に預けておいた。どうやら旧ポーランド領での出来事らしい。

宝物がぎっしりと詰まったチェストをオーストリア国境から秘かに持ち出し、スイスに運び込んで売り払いたい。これが「令夫人」の頼み事だった。木箱には米ドルの金貨、グーテンベルク版の聖書、レンブラントをはじめバロック黄金期の巨匠たちが描いた絵画が収められているという。

ロスチャイルド家の未亡人を自称する女性はロニーにこう頼み込んできた。

「チェストをオーストリアからスイスに持ち込む際、税関吏に渡す賄賂を少しばかり都合していただけないかしら」

併せて、神父の居所を探すために借りた金と神父に渡す礼金も一緒に肩代わりしてほしいと言っている。

「あなたがそれら当座の資金を用立ててくださるなら、お礼として宝物が現金になった暁には、数千ポンドほど好きに使ってもらっていいわ」

ロニーが金を出すとも出さぬとも言わずにいると「令夫人」は哀願するように言った。

「いいえ、私は決して金の亡者じゃございません。ほんの少しだけ老後の年金が欲しいだけですの。そのためには、あなたのお力が何としても要るのです」

デービッドは話を聞いた当初は乗り気薄だったが、最後はいやいやロニーとともに「令夫人」に会って事情を聴くことにした。そして、父親とふたりきりになったところで彼の見立てをきっぱりと伝え、こう諭した。

「いいかい、お父さん、あの女はペテン師だ。すべてが作り話だよ」

だが、ロニーは静かに首を振り、騎士道精神を発揮して、彼の同業者を懸命に庇《かば》うのだった。

国境の街で

　息子のデービッドは、なお惻隠《そくいん》の情を同業者の「男爵夫人」に示し続ける父親をこう説得した。

「父さん、どうしてもあの女に関わるなら、ロンドンでも、パリでもいい。当のロスチャイルド家に接触して、本当にロスチャイルドの未亡人なのか、確認すべきだよ」

　だが、父親のロニーは息子の忠告に一切耳を貸そうとしなかった。ロスチャイルドの一族みんながあの宝物を必死で探しているはずだ。強欲な一族が彼女の存在を知れば、可哀想に、彼女はたちまち殺されてしまうだろうとまで言ってのけた。

「グーテンベルク版の聖書がいったいどれほどの金になるか、それが肝なんだ。それさえわかったら、お前も大学のろくでもない勉強など放り出してしまえ。ひねくれた考えをさっぱりと捨てて、令夫人のお供をしてスイスまで行ってくれまいか」

　デービッドの疑いは少しも晴れなかったが、父ロニーのたっての願いを聞き入れることにした。疑ったまま何もせずにいれば、手のひらから水がこぼれるように幸運を逃がしてしまう。確かに惜しい話かもしれない——息子もまた、「ロニー一座」の子役だったのである。デービッドは自らに言いきかせてスイスに旅立っていった。

まず「令夫人」をチューリヒの街に連れて行った。彼女は高級なブティックで、高価なバッグを扱う店で、思うさま買い物をした。代金はすべて、ロニーが馴染みの高級ホテルヘツケとして回された。

続いてデービッドは「令夫人」が指定した国境の街へひとりで出かけていった。オーストリアに接する国境の街は、篠つく雨に煙る山あいにひっそりと佇んでいた。デービッドは二日の間、鉄道駅の周辺をうろつきまわり、重たい木箱《チェスト》を携えてくる神父の姿を待ち続けた。

ロスチャイルド男爵の「令夫人」は同行しようとしなかった。

「あまりに危険すぎるわ」

自分の正体が知れてしまえば、せっかくの計画は台無しになってしまうと言い張った。しかし、いくら待っても国境の駅には、それらしき人物は誰ひとり姿を見せなかった。そしてデービッドがチューリヒに舞い戻ったときには、彼女は姿をくらましていた。ロニー宛の莫大な額の請求書を残して——。

父のロニーはそれっきり「令夫人」の話を息子にしようとしなかった。殉教者のように顔をしかめ、良心的な人間なら言うべき言葉などないと目を伏せたままだった。

「父ロニーは生まれ落ちて、初めてガラガラのおもちゃを振ったときから性根がひん曲がっていた」

ル・カレはそう書いている。すべての詐欺師がそうであるように、彼自身も騙されやすかった。確かにロニーは騙すのが得意だった。だが騙されるのも無類に得意であった。そしてロニーは他人を騙すとき、同時に、彼自身をも巧みに騙していたのだ。自分が自分を騙していることすら自覚のない男だった。そんな人間に他人が仕掛けるペテンなど見破れるはずもない。

素晴らしき哉、詐欺人生

ロニー・コーンウェルは生まれながらの詐欺師だった。自分自身をも完璧に騙し、すべてを実現してしまう類い稀な天分を持っていた。

美術品のコレクターとして名高いコリン・クラークは、親しかったロニーの思い出を次のように回想している。

「ロニーという人間は、人並み外れた、素晴らしい詐欺師だった。彼ほど信が置けると思わせる人物に会ったことがない。わが人生で出会った人物のなかで一番だった。そう、ロニーにできないことなど何ひとつなかったよ」

テニスのデビス・カップの決勝戦のチケットを手配し、ロイヤル・アスコット競馬場のボックスシートを手に入れ、さらにはロンドンの最高級レストランで至高の晩餐を催す。そんなとき、彼がエスコートしてくる妻はじつに魅惑的だった。ほとんど口を開かない。その代わり、じっと会食の相手を見つめ、讃えるような眼差しで微笑みかけてくる。そしてロニー専属の会計士は、彼の資産が紛れもなくホンモノであるかのように装って始終電話をよこしたという。

ある日、ロニーはコリン・クラークをロイヤル・アスコット競馬場に招き、持ち馬を披露し、食事も振る舞ってくれた。食後のドライブと称して、みすぼらしい空地に案内する。ロニーの所有地ではないのだが、ここをわずか三カ月で倍にしてみせる。ぜひとも買っておけと囁くのだった。

「いまでも私の理解を超えるのだが、ロニーという男が関わるほとんどすべてが偽物だった」

クラークは、あれほど素晴らしい奴はいなかったと繰り返し、夢見るような眼差しでロニーを讃えてやまない。

専用オフィス、高級乗用車、お付きの運転手、ロイヤル・アスコット競馬場の専用のボックス席。あらゆるものが一夜限りで調達されたものだった。ロニーは決して代金を払おうとしない。ディナーの席に現れた魅力的な妻さえ一晩の借り物だった。会計士と称する男もただの共犯者にすぎなかった。

「うたかたの世界を紡ぎ出すロニーの呪術力は、間違いなくホンモノだった」

ロニーが創り上げた迷宮《ラビリンス》に誘われた知人たちはこう溜息を漏らす。

息子のデービッド・コーンウェルは、物心つくころから、こんな父親と暮らし、詐欺の片棒を担がされ、「ロニー一座」には欠かせない子役を演じて成長したのだった。

香港の刑務所にて

五つ星の詐欺師ロニー。彼と出会った人々は、老若男女を問わず、誰もがその魅力の虜になった。ロニーは誰からも愛される天与の才を持っていたのである。ワールド・トラベラーとして、イギリス各地だけでなく、香港、シンガポール、ジャカルタそしてチューリヒの刑務所をも渡り歩いている。

後年、ジョン・ル・カレが、ジョージ・スマイリー三部作のひとつ『スクールボーイ閣下』（ハヤカワ文庫ＮＶ）の取材で香港を訪れたときのことだった。この作品にも登場するハッピーバレー競馬場の観客席のテントで、香港の刑務所の看守をしていた男性とたまたま居合わせた。彼は作家のル・カレだと気づくと、自分の家族の思い出話を語るようにこう打ち明けてくれた。

「コーンウェルさん、実は、あなたのお父上というひとは、私の人生でお目にかかったなかでも最高と申し上げていいお方でした。刑務所でお父様のお世話ができたことをいまも光栄に思っています」

彼は間もなく定年を迎えて刑務官のポストを去ることになっていた。

「お父上は、ロンドンに帰ったら私のために新しい仕事を見つけてやるとおっしゃったのです」

ロニーは刑務所でも看守を相手に空手形を切りまくっていたが、それでいて刑務所内の誰からも好かれる人気者だった。

ル・カレがシカゴで開催されたブリティッシュ・フェアに出席していたときのことだ。イギリスの在シカゴ領事が公電を携えて駆けつけてきた。インドネシア駐箚全権イギリス大使からの公電による問い合わせだった。

「父上のロナルド・コーンウェル氏がジャカルタの刑務所に収監されているのですが、貴殿が保釈金を払う用意ありやなしや、至急連絡されたく、ご連絡申し上げる次第です」

ル・カレは保釈金ならいくらでも支払うと領事に伝え、父ロニーの保釈を懇請したのだった。

チューリヒの刑務所からロニーがじかに電話をかけてきたこともあった。罪状はホテルを騙して借財を負わせた詐欺罪だという。スイスの高級リゾートホテルはロニーお得意の仕掛けの舞台だった。

「デービッド、このひどい牢屋からすぐに救い出してくれ。何もかも誤解なのだ。警察の連中は事実を少しも見ようとしていない。ああ、わが息子よ、もう耐えられない、ここから出してくれ」

ロニーのすすり泣くような声が息子の胸を鋭利なナイフのように突き刺した。

だが、この刑務所の旅人は、人々から有り余るほどの愛情を受けながら、それに報いようという責任感はかけらも持ち合わせていなかった。父親が永い詐欺師人生に終止符を打って天に召されたとき、葬儀に関わるすべての費用はル・カレが出している。だが、息子はついに父との別れの場に姿を見せようとはしなかった。

作家の豊饒なる預金残高

真面目な勤め人が稀代の詐欺師を実の父に持てば、茨の荒野を歩むような人生を約束されてしまう。オックスフォード大学を卒業し、イギリスの外交官を志しても、父親の職業欄に「詐欺師」と記入するのでは、どんなに寛容な採用担当官も権威と伝統を誇る外務省《ホワイトホール》には迎え入れてくれないだろう。

ところが、ジョン・ル・カレことデービッド・コーンウェルは、イギリス外務省への入省を果たしている。もっとも外交官は典型的な「カバー」と呼ばれるものだった。彼の真の雇い主はイギリスの諜報機関であった。将来のスパイの身分を偽装するため、正式な外交官の衣を着せたにすぎない。『パナマの仕立屋』でロンドンからやってきたスパイ、オスナードが在パナマ・イギリス大使館の外交官として赴任したのも、まったく同じ「カバー」だった。ル・カレもまた、在ハンブルク・イギリス領事館や西ドイツの暫定首都だったボンのイギリス大使館に外交官の身分で赴いている。

イギリスの諜報機関のリクルート担当官は、多彩な逮捕歴を持つ詐欺師が父親であることを承知して採用した。彼らが棲むインテリジェンス・ワールドは、此岸《しがん》にはなく、彼岸にあることをわきまえていたからだ。「あの世」の住人たちは、父が詐欺師であることをマイナスの家庭環境とは見なさなかった。熾烈なインテリジェンス・ウォーが戦われる世界にあっては、スパイを生業とする者は虚実定かならぬ日常に身を置いているからだ。かくして詐欺師の息子は「あの世」にすんなりと迎え入れられた。

ジョン・ル・カレは『パナマの仕立屋』のなかで、オスナードが秘密情報部の面接試験を受ける場面を描いている。試験官たちが、諜報組織を志望する若者にいかなる資質を求めているか、その本音が透けて見える。

「オスナードは、その時点からすでにゲームの何たるかを理解し始めていた。何を言うかではない。いかに言うか、それこそが問題なのだ。自分の足で立って、ものが考えられるか。はたまた、すぐに怒ってしまうか。人を騙せるか、恐れを承知しているか、人を説き伏せられるか。嘘を思いつきながら、ほんとうのことが言えるか。思いついた嘘をちゃんと言葉にできるか――」

ジョン・ル・カレは、イギリスの諜報界入りに際しても、エスピオナージの作家になってからも、「五つ星の詐欺師」だった父ロニーから無形の遺産を受け継いでいたのかもしれない。

ル・カレは過ぎ去った日々を想ってこう述べている。

「書物が一冊もないようなロニーの家で生き残るか、それともわが身を亡ぼすか。それは自らの機転ひとつにかかっていた。ある意味で私は随分以前からスパイになるための訓練を受けていたといっていい」

作家の預金残高はその子供時代にあり――。グレアム・グリーンの言葉だ。確かに子供時代の体験が豊饒であればあるほど、作家の引き出しは多くなり、作品の彩りも豊かになる。

グリーンの言葉に従えば、ル・カレという作家ほど奇想天外な子供時代を過ごした人は稀だろう。強いて挙げれば、アメリカが生んだ野生の作家ジャック・ロンドンがそれに匹敵するかもしれない。ル・カレは詐欺師という父親の宮廷で育ち、ジャック・ロンドンは荒々しいアメリカ西部の自然によって野生児のまま天性の作家となった。

ル・カレの父ロニーは、イギリス社会が生んだ純粋種のエキセントリックな人物だった。第二次世界大戦中には、進歩派の陣営から下院議員選挙に立候補し、落選の憂き目にあった。だがそれによって狙い通り徴兵を免れている。そしてイギリス社会の権威が音を立てて崩れた戦後の混乱期に勇躍乗り出していった。詐欺師ロニーにとってそれはめくるめくような黄金期だった。

ロニーは息子を伴ってしばしばロイヤル・アスコット競馬場に出かけ、華やかな社交の場を引き回した。高級車ベントレーが溢れるロンドンの高級住宅街からウィンストン・チャーチルが愛した名門サヴォイ・グリル、そしてスイスの保養地サンモリッツへ、息子たちを連れ回して上機嫌だった。

ああ、いかがわしきロニー・ワールド。そこにはロンドンで悪名を馳せていた双子のギャング、クレイ兄弟の姿も見受けられた。後年、イギリスを代表するエスピオナージ作家となるデービッド少年にとって、虚飾に満ちたロニーの宮廷こそ、未来の作品の豊饒なる大地となった。人間の弱さ、モラルの複雑さ、欺きと反転攻勢。ル・カレは少年時代に思うさま人生の裏側を見せつけられながら育ったのである。

こんな環境に生まれ育った子供は、大人になっても、社会のどこにも居場所がないという感覚につきまとわれる。心のなかで詐欺師だった父を恥じ、それゆえ社会と距離を置いていたいと考える。多くの反逆者がそうであるように、この世に自分は容れられないと思い定め、社会への根深い敵意を心に秘めながら人生を送りがちだ。

ル・カレは少年時代から何か揺るぎないものに属したいと願いつつ、同時に社会に抗ってきた。社会の権威に対する反感とそれに従属したいというアンビバレントな愛憎関係を内に宿したまま成長していった。

「そう、私は嘘つきなのです。嘘つきとして生まれ、育てられました。そして生きんがために嘘をつき続ける世界で鍛えられ、いま小説家として嘘つきを実践しているのです」

ジョン・ル・カレは二〇一三年に「フィナンシャル・タイムズ」のインタビューに応じてこう答えている。この作家でなければ到底言えない、底なしのアイロニーに彩られ、ル・カレの人生を鋭利にえぐったひとことである。

その果てに、作家ジョン・ル・カレは、畢生《ひっせい》の大作『パーフェクト・スパイ』（ハヤカワ文庫NV）を書き上げて、父ロニーに捧げる墓碑銘としたのだった。

翻訳者の村上博基は解説のなかにこう書いている。

「ジョン・ル・カレは『パーフェクト・スパイ』を書きあげた日、父親の亡霊から自由になるとともに、〈父と息子の物語〉と〈エスピオナージ・ノベル〉が見事に合体した、この傑作を世に送り出した」

ル・カレが『パナマの仕立屋』とともに、墓場まで携えていきたい作品に、父と子の隠された人生が色濃く投影されている『パーフェクト・スパイ』を挙げたことは、決して偶然ではない。

第四章

伝説のスパイの原像

ジョン・ル・カレ、ジョン・ビンガム、ヴィヴィアン・グリーン

史上最も魅力的なスパイ

「濃い霧がたちこめ、時折霧雨の降りかかる真夜中のロンドン。その街の底からにじみでるようにして、一人の男が姿をあらわす。小柄で、肥り肉《じし》で、猫背で、分厚い眼鏡をかけ、服装の趣味もいただけない。動作はぎこちなく、足どりはおぼつかなげで、見ればもう相当な齢だ。

老いて風采こそあがらないが、しかしその名を聞けば、からだのふるえるような感動を覚える人が少なくないことだろう。男の名はジョージ・スマイリー。ジョン・ル・カレが創造した史上屈指の魅力的なスパイである」

いまは亡き書評家の向井敏が、ジョン・ル・カレ著『ティンカー、テイラー、ソルジャー、スパイ』（ハヤカワ文庫ＮＶ）の解説に綴った文章である。ご本家のイギリスでもこれほど達意の文章で書かれた書評には滅多にお目にかかれまい。向井敏がクレムリンの宿敵に立ち向かうジョージ・スマイリーにどれほど入れあげていたかが窺える。

ル・カレが冷たい戦争に送り出した、いぶし銀のようなスパイマスターには、ふたりの畸人がおぼろげながら重なって見える。ひとりは、ジョン・ル・カレが学んだオックスフォード大学のリンカーン・カレッジの司祭、ヴィヴィアン・グリーン師。そしていまひとりは、MI5と呼ばれるイギリスの防諜組織《カウンター・インテリジェンス》で活躍したジョン・ビンガムだ。

だが誤解のないように断っておくが、ふたりはジョージ・スマイリーのいわゆるモデルではない。ル・カレが創り出したエスピオナージの世界は、冷戦の実相をリアルに写しとってはいる。だが、幾重もの深い霧に覆われて、作中に登場する誰が実在の人物に近いのか、読み手には容易に窺わせない。遥か彼方に伝説のスパイの原像が揺らめいているにすぎない。

ル・カレは冷たい戦争の時代に接したふたりの姿を反芻しながら、オークの樽のなかでシングル・モルトの原酒をゆっくりと熟成させていくように、ジョージ・スマイリーという稀代のスパイマスターを情報戦争《インテリジェンス・ウォー》の陰の主役として彫琢していったのである。

静かなるスパイマスター

「スパイ小説のヒーローといえば、若くて、機敏で、膂力《りょりょく》衆にすぐれ、見るからに颯爽たる人物を思い浮かべがちだが、ジョン・ル・カレの作品に登場するスパイたちはたいてい中年過ぎで、見てくれも何となく不景気」

向井敏がいう「若くて、機敏で、膂力衆にすぐれ、見るからに颯爽たる人物」といえば、イアン・フレミングが世に送り出した、殺しのライセンス「００７」を持つジェームズ・ボンドを誰でも思い浮かべるだろう。ジョン・ル・カレの対極に位置する「００７」の作家もまた、イギリス秘密情報部育ちの作家だった。老情報大国が擁していた人材で、後に作家となったのは、ル・カレやフレミングにとどまらず、グレアム・グリーン、サマセット・モーム、それにフレデリック・フォーサイスと絢爛にして豪華だ。イギリスの諜報界は、これらの作家を通じて、国家機密を巧みに覆い隠しながら、インテリジェンスが秘めている本質を人々に知らしめてきた。イギリス国民が情報活動に理解を示し、インテリジェンス感覚が磨かれているのは、かつて諜報界に身を置いていた作家の一群によるところが大きい。

ジョン・ル・カレことデービッド・コーンウェルは、イギリス外務省に在籍する外交官だった一九六一年、初めてのスパイ小説『死者にかかってきた電話』（ハヤカワ文庫NV）を上梓している。外交官といっても、それはこの世を忍ぶ仮の姿。じつはイギリス秘密情報部員だった。ル・カレはこの作品からジョージ・スマイリーをスパイマスターとして登場させている。最前線に幾多のエージェントを配して情報戦を指揮する統括官とした。

ジョージ・スマイリーは物静かで内省的な人物だ。分厚い眼鏡の奥に鋭い眼光を湛え、語り口はまことに穏やか。緊迫した作戦のさなかでも、決して声を荒らげることがなく、怒りを露わにすることもない。

それは、まさしくル・カレのかつての上司ジョン・ビンガムの人となりを彷彿とさせる。お世辞にも趣味がいいとは言えない背広に大枚をはたくところも似ている。MI5で机を並べた同僚たちは皆、『死者にかかってきた電話』に描かれたスマイリーの風貌にビンガムの姿を重ね合わせた。

MI5の輝ける星

戦争の世紀を駆け抜けた大英帝国は、二度にわたってドイツを破って戦勝国の栄光を手にしながら、多くの植民地を失う辛酸も嘗めなければならなかった。情報戦士《インテリジェンス・オフィサー》としてのジョン・ビンガムもまた、第二次世界大戦でナチス・ドイツとの情報戦に勝利したものの、休む暇もなくクレムリンとの冷たい戦争に立ち向かわなければならなかった。

ジョン・ビンガムは、ノルマン人を起源とするアングロ・アイリッシュの名門一族に生まれ、七世クランモーリス男爵という爵位を持つ。父親はイギリス陸軍の騎兵にして資産家だった。だが、ジョンが若いころに資産運用につまずき、財産をあらかた失ってしまった。ジョン・ビンガムは上流階級の出身ではあったが、オックスフォード大学やケンブリッジ大学に進学するほどの成績ではなく、チェルトナム・カレッジに進んでいる。

卒業後、ビンガムは陸軍に志願したのだが、極度の近視のため、前線に赴く兵士には不適格とされた。やむなく「サンデー・ディスパッチ」紙のデザイン編集者となった。その後、イギリス陸軍の工兵部隊で地図製作の仕事に携わる。古き良き時代のイギリスでは、測量と民俗学こそスパイの嗜みだった。地図づくりが取り持つ縁でＭＩ５・情報局保安部入りを果たしている。ＭＩ５はナチス・ドイツが放つスパイのイギリス国内への浸透を防ぐ任務を担っていた

後に練達のスパイマスターとなる青年は、イギリス諜報界に聳え立つ人物に見出された。マックスウェル・ナイトがそのひとだ。イアン・フレミングの『ジェームズ・ボンド』シリーズで描かれたスパイマスター「Ｍ」の原型となったひとである。

一九二〇年代半ばには、イギリスの諜報組織は、国内に潜むファシストやマルキストの動向を早くも監視下に置いていた。そしてファシスト組織や共産党組織に多くのエージェントを送り込み、これらの情報源から寄せられる情報を分析して、国家の転覆を謀ろうと

する危険分子の動きを阻もうとしていた。

第二次世界大戦が終わると、マックスウェル・ナイトは、なんとバード・ウォッチャーとして颯爽と世の中に登場した。イギリス国内で瞬く間に広く知られる存在になった。BBC・イギリス放送協会のラジオやテレビの自然番組にしばしば出演し、ナチュラリストとしてじつに四一冊もの著作をものしている。王立動物学会の会員でもあった。だがナイトは諜報の世界から身を退いたわけではない。東側陣営との熾烈な情報戦の指揮を執り続け、一九五六年まで第一線に身を置いていた。テレビやラジオの視聴者は、ナイトのもうひとつの貌《かお》に気づいていなかった。

「バード・ウォッチャー」

マックスウェル・ナイトはふたつの仕事をいかにも楽しそうに、こともなげにこなしていた。「バード・ウォッチャー」——。BBCは自然番組の解説を担当するナイトをこう紹介した。BBCの担当者が彼の公職を知っていながら、そうした肩書きを付けたのかどうかは分からない。だが、諜報の世界で「バード・ウォッチャー」といえばスパイを意味する。職場の同僚たちは、ナイトの肩書を耳にするたびに笑いを懸命にこらえたという。野鳥の観察者には、スパイと同じ資質が求められる。狙った獲物を射程に入れると、相手に気づかれないよう樹々の間に姿を隠してそっと近づく。細心の注意を払って周囲の様子を窺うことを怠らない。そして、決して人々と群れない。

ナイトは野鳥のなかでもカッコウをこよなく愛した。自宅に飼っているカッコウには「グー」と名付けて可愛がった。職場から帰ると、ロシアのスパイの代わりに、カッコウを熱心に観察した。ナイトの邸に棲むカッコウは、近くの森に自由に飛んでいく。鳴き声を巧みに真似て、ほかの鳥たちを欺く。スパイマスターがエージェントをうまく操るように、ナイトのカッコウは森に棲む鳥たちを易々と手玉に取った。ナイトはＭＩ５の公職にあった一九五五年、代表作*A Cuckoo in the House*を上梓している。

「カッコウの飼育はマックスウェルの趣味なんかじゃない。本職そのものだよ。守秘義務に触れないなら、君たちにとって最高の参考文献だとモスクワの連中に教えてやりたいものだ」

インテリジェンス・コミュニティの仲間たちはこう囁き合ったという。

ナイトのほんとうの貌を知っていた野鳥愛好家のひとりは、彼の趣味、いやもうひとつの仕事であるカッコウの観察に事寄せてこう語っている。

「カッコウの性生活はじつに神秘的で謎めいている。われらがマックスウェルもまた然りだ。彼は長きにわたってごく平凡な結婚生活を装っていた。だがその陰で、うらびれた映画館に出入りして男を漁り、修理の必要もない自動車のために男前の修理工を自宅に呼び込んだりしていた」

欺きの技とその冷酷さ――。カッコウはスパイマスターによく似ている。カッコウには「托卵」と呼ばれる習性がある。自分が産んだ卵をホオジロやモズの巣にこっそり忍ばせ、かりそめの親に預けて育てさせる。そのためカッコウは卵の色や斑紋まで仮親の卵に似せて産むという。そして、数合わせをするため、巣にあった卵のひとつをくちばしで銜《くわ》えて、地面に叩き落とすことまでする。仮親は雛が自分とは似ても似つかぬ姿で生まれても気づかず、せっせと餌を運んで育て続ける。

ナイトもまた敵陣営がつくった巣のなかに、エージェントを忍び込ませる。そのため、二重スパイを真正のナチ信奉者に見えるよう仕立てあげた。ナイトはカッコウの飼育と観察からエスピオナージに通じるヒントを存分に引き出していたのだろう。

調査ファイルKV2／3800

ＭＩ５の知将、マックスウェル・ナイトが選りすぐって忍ばせたカッコウの卵。それがジョン・ビンガムであった。第二次世界大戦の前夜、イギリス国内に浸透していたナチのシンパにビンガムを秘かに接近させ、彼らの巣に見事に潜り込ませた。

そうしたビンガムの活動歴が明らかになったのはつい最近のことだ。イギリスの国立公文書館は、第二次世界大戦の終結から七〇年近くが経った二〇一四年、初めてＭＩ５の機密記録の封印を解いた。機密指定が解除された一連の文書のなかにビンガムの足跡が記されていた。

「調査ファイルＫＶ２／３８００」には、第二次世界大戦の前後にイギリス国内に浸透していたナチの有力シンパサイザーの記録が残されていた。彼らはナチス・ドイツの第五列であり、反英組織のメンバーだった。第五列とは、敵と内通し国内で破壊活動を企むスパイの一団をいう。そのなかにマリータ・ペリゴーがいた。彼女はオズワルド・モーズリー率いる「英国ファシスト連合」に属する活動家の妻であった。

ＭＩ５は、ヒトラーの信奉者だったマリータ・ペリゴーを監視対象とした。そして機密ファイルにコード・ネーム「ＳＲ」と記された要員を秘かに彼女に接近させた。

「デイリー・テレグラフ」紙は、この「ＳＲ」こそ、ジョン・ビンガムだと報じたのだった。第二次世界大戦が始まった翌一九四〇年、暗号名「ジャック・キング」と呼ばれたジョン・ビンガムは、ナチスのシンパを巧みに装って、ドイツの巨大コンツェルン「ジーメンス」のイギリス支社に潜入した。当時の「ジーメンス」は、ドイツ諜報機関のフロント企業だった。「ジャック・キング」に課せられた使命は、「ジーメンス」を拠点に活動していたナチス・シンパの実態を摑むことにあった。ナチス・ドイツ軍がイギリスに上陸してきた場合、手引きする者がどれほどいるのか。それを探る密命を帯びていた。

「ジャック・キング」がマリータ・ペリゴーに接触を試みると、このナチのシンパは当初考えていたより遥かに危険な人物であることが明らかとなる。

「マリータ・ペリゴーは暴力的なまでに反英的であり、ナチス・ドイツを利するためなら何でもしたいと考えている。特別な注意を払うべき監視対象である」

機密を解かれたＭＩ５の極秘記録には、「ジャック・キング」の報告にもとづいて、こう記されていた。

マリータ・ペリゴーはスウェーデン人の父とドイツ人の母のもとに生まれ、夫も英国ファシスト連合の幹部だった。夫はブリクストン刑務所に収監されていた。家庭環境も、実際の活動歴も、まさしく筋金入りの反英主義者にしてナチの信奉者だった。

「マリータ・ペリゴーは神経質でも女性的なタイプでもない。横柄で男性的なタイプの女性である。外見もその内面も傲慢なフン族に譬えられよう」

これらの記録が書かれたのは一九四二年とみられる。日本海軍の空母機動部隊がハワイの真珠湾を奇襲したことで、アメリカがナチス・ドイツに宣戦を布告し、イギリスの孤独な戦いに終止符が打たれた直後だった。だがチャーチル卿に率いられたイギリスは、依然としてナチス・ドイツ軍のイギリス本土への侵攻に警戒を緩めるわけにはいかなかった。

ナチス・ドイツのシンパたちは、首都ロンドンとイギリス南部を拠点に活発に活動していた。戦時下のイギリスでは、ナチス・ドイツの本土侵攻に備えて、一七歳から六五歳までの男性から義勇兵を募り、「ホーム・ガード」と呼ばれる民兵組織を編制していた。総兵力は一五〇万人。ナチス・ドイツ軍の上陸の際には、正規軍が展開して防御線を構築する手はずになっていた。「ホーム・ガード」はそれまでの間、戦線を何とか持ちこたえ、障壁になることが期待されていた。それだけに、ナチのシンパたちは「ホーム・ガード」の防御線の弱点を探り、見えないインクでしたためた秘密のメッセージをナチス・ドイツに送っていたのだった。

鉄十字勲章のレプリカ

イギリスを心から憎んでいたマリータ・ペリゴーは、英国ファシスト連合の活動に満足していなかった。敬愛するヒトラー総統のために更なる貢献を、と野心をたぎらせていた。そんな彼女の心の内を見抜いた「ジャック・キング」は新たなカードをそっと差し出してみせた。

「マリータ、あなたを信頼して打ち明けるのだが、じつは私はナチス・ドイツの中核たる秘密国家警察《ゲシュタポ》のイギリス代表を務めている」

そして組織のなかで誰が心からナチス・ドイツに忠誠を捧げているかを知りたいと持ちかけた。イギリス国内に浸透している第五列のリストをより確かなものにしたいと協力を求めたのである。「ジャック・キング」の言葉を信じたペリゴーは、イギリス国内に潜伏する「真正のファシスト」の名簿を「ジャック・キング」に渡している。さらには、イギリス軍が開発中のジェット機やレーダー・スクリーンの最新技術に関する極秘の軍事情報を、ベルリンへ送る手はずを整えてほしい。「ジャック・キング」にこう持ちかけたのだった。

MI5は、ナチス・ドイツの第五列たちの働きに報いるため鉄十字勲章まで偽造し、「ジャック・キング」の工作を完璧なものに見せかけた。「ジャック・キング」ことジョン・ビンガムは、第五列たちとナチをつなぐ情報統括者《コントローラー》の役割を見事に演じてみせた。カッコウが相手の巣に托して産んだ卵になりおおせた。やがてその卵は孵化して、イギリス国内のナチ・シンパを一網打尽にする怪鳥となっていく。「ジャック・キング」の輝かしい戦果によって、MI5はイギリス国内のファシスト・ネットワークの全貌を摑んでいった。その果てに、或る者は直ちに逮捕され、或る者はそのまま泳がされ、ベルリンの次なる意図を探る手駒となった。また、或る者は命と引き換えにMI5の二重スパイに仕立てあげられ、偽りの情報をベルリンに流す枢要な役割を担ったのである。

MI5や軍の情報部がイギリス国内に、そして中立国だったスペインやポルトガルに築きあげたナチの二重スパイ網。これこそが、史上最大の作戦といわれた連合軍のノルマンディ上陸作戦にあたって秘密兵器となった。連合軍の上陸の地点はドーバー海峡を挟んでイギリスの対岸に位置するフランス北東海岸のパ・ド・カレー——。ヒトラーとドイツ国防軍情報部・アプヴェーアにそう信じ込ませる偽装情報のオペレーションが発動された。イギリスの諜報機関が各地に潜ませていた二重スパイを使って偽りの上陸地点をベルリンに流したのだった。

ＭＩ５の老獪さは、ナチス・ドイツの第五列を一網打尽にしなかったことにある。戦争が終わるまで、「ジャック・キング」はナチのスパイたちの多くを管理下に置き、利用し尽くしたのだった。彼らのうち何人かは終生、敬愛するヒトラーのために役立ったと信じたまま死んでいったという。

第二次世界大戦が終わると、ジョン・ビンガムは、ナチとの戦いから新たな情報戦に転じていった。戦時中から兆していた英米とソ連の冷たい戦争に馳せ参じていく。西側同盟の前に現れた共産主義者たちが新たな敵となった。共産主義との情報戦で部下に採用した人材のひとりがデービッド・コーンウェル、のちのジョン・ル・カレだった。

イギリスの諜報界の際立った特徴は、この組織から数多くの物語作家を輩出したことにある。物語に託して秘密の世界を語りたい——。厳格を極める日々の守秘義務が彼らをそうした衝動に駆り立てたのかもしれない。ジョン・ビンガムも、一九五二年、*My Name is Michael Sibley* を出版している。この本が半世紀を経て再版されると、ジョン・ル・カレはかつての上司のために前書きを寄せている。

「ジョン・ビンガムは私の職業上の心の師、いわばメンターだった。彼こそジョージ・スマイリーの原型となった、ふたりのうちのひとりにほかならない」

初めて、伝説のスパイマスターの原型のひとりがジョン・ビンガムだったことを作家自ら明らかにしたのだった。

伝説の情報戦士

ジョン・ル・カレがＭＩ５に採用されたのは一九五八年だった。その二年前の一九五六年、エジプトがスエズ運河の国有化を宣言したことをきっかけにスエズ動乱が勃発した。英仏両国はナセル大統領に鉄槌を下そうと、連携して秘かにエジプトに出兵した。英仏はアフリカになお多くの植民地を抱えていた。スエズ運河がナセルの手に渡ることは、自らの生命線を断たれるに等しいと考え、強硬策に訴えたのだった。

イギリスのアンソニー・イーデン首相は、「血を分けた同盟関係」と形容されるアメリカ政府にスエズ出兵を内報しようとしなかった。これがアイゼンハワー政権の逆鱗に触れ、イギリスの通貨ポンドが売り浴びせられ、かつての基軸通貨スターリングはまっしぐらに暴落していった。結局、イギリスは兵を退かざるをえなくなり、昔日の大国の凋落は誰の眼にも明らかとなった。

ジョン・ル・カレが奉職しようとしていた大英帝国の政府は戦勝国の輝きをすでに喪《うしな》って久しかった。国家の威信が揺らぐなか、ル・カレはインテリジェンス・オフィサーとなり、対独情報戦の勇士「ジャック・キング」の部下となった。ジョン・ビンガムはこのとき、ル・カレより二三歳も歳上だった。

ジョン・ル・カレはこの後、対外情報戦を担うイギリス秘密情報部（ＭＩ６）に移り、西ドイツのハンブルクやボンで在外公館に勤務する。ル・カレは東西情報戦の最前線だったベルリンの壁の前に立ち、啓示を受けてスパイ小説を一気に書き上げたという。こうして完成した作品が、名作の誉れ高い『寒い国から帰ってきたスパイ』（ハヤカワ文庫ＮＶ）だった。エスピオナージ小説の処女作『死者にかかってきた電話』（ハヤカワ文庫ＮＶ）に続いて、ここでもスパイマスターとしてジョージ・スマイリーを登場させている。いつも沈潜のなかにいるこの人物は、その後のル・カレ作品でも、常にイギリス諜報界の中央山脈に配されている。

スマイリー像の原型のひとつとなった、ＭＩ５の輝ける逸材にしてかつての上司ジョン・ビンガム。だが、その姿がル・カレ作品に描かれると、職場の同僚や友人たちから一斉に不満の声が沸き上がった。彼らはビンガムをスマイリーにぴたりと重ね合わせてしまったのだろう。しかしながら、ル・カレが描くスマイリーはビンガムとは異なり、自分が属する組織を時に醒めた眼で眺め、国家を至上の存在とは認めていない。

「われらがジョン・ビンガムは、彼にふさわしい十分な敬意をル・カレから払われていない」

保守派の歴史家として知られるレクスデン卿はこう批判した。

これに対してル・カレは、本名のデービッド・コーンウェルの名で「デイリー・テレグラフ」紙に反論を寄せている。

「レクスデン卿は、ビンガム氏を無条件に称賛しているように思います。しかしながら、情報機関が担うべき役割というものについて、私とビンガム氏とでは見解を大きく異にしているのです。私と彼とは異なる世代に属しています。ビンガム氏は情報機関にほとんど無条件と言っていい愛を捧げているように見えますが、それが愛国心と同義語なら、私はそういった類いの愛情は注意深く検証してみる必要があると考えます。そうしなければ、特定の状況のもとでは、われらが情報機関は、私たちの敵と同じように民主主義を脅かしかねない存在となると思うからです」

カーブボール

愛国心なるものを国家の振る舞いを覆い隠す盾にしてはならない――。ジョン・ル・カレのこうした信念は、二〇〇三年、英米合同軍がイラクに侵攻して以来いっそう強まった。イラクのサダム・フセイン政権は、核兵器、化学兵器、生物兵器などの大量破壊兵器を秘かに研究・開発し、貯蔵している――。イギリス秘密情報部はこうしたインテリジェンスをトニー・ブレア政権にあげたばかりではない。同盟国アメリカのブッシュ政権にも提供して、「ブッシュの戦争」を推し進める役割を担ってしまったではないか。ル・カレは舌鋒鋭く批判している。

イラク戦争に先立って、ル・カレは『パナマの仕立屋』の筆を執り、極秘情報を次々に捏造してイギリス秘密情報部を手玉にとるパナマのテイラーを主人公に据えた。名店とされる仕立屋の主は、パナマ政界の大物や国防軍の首脳を顧客に持ち、反体制派にも知己を持つ、めくるめくような情報源だった。情報を生業にする者には万能のエージェントに映ったのである。ところが、刑務所で仕立ての技術を身につけたこの男は、あろうことか老情報大国をまんまと翻弄していく。

情報源に決して惚れ込んではならない——。諜報界に永く言い伝えられる箴言《しんげん》である。

「イラク政府は、移動式の大型トレーラーを工場にし、細菌やウィルスなどの生物化学兵器を製造している」

この極秘情報は、イラクからドイツに亡命した男が携えてきたものだった。イラク攻撃の大義を必死で探し求めていたブッシュ、ブレアの米英両政権にとっては、喉から手が出るほど欲しかった情報だった。イラク人亡命者は関係者の間でコード・ネーム「カーブボール」と呼ばれるようになり、その情報はブッシュ政権をイラク攻撃に駆り立てる癖玉となっていく。

イラク人の化学技術者は、政治亡命に寛容なドイツを選んで故国を後にした。はじめはごく型通りの尋問が行われた。だが、時間が経つにつれて、経験を積んだ尋問官が「カーブボール」を担当するようになっていく。このイラク人がとてつもない情報を持っている可能性があると踏んだからだった。「カーブボール」の側もそんな空気を察したのだろう。極秘情報を小出しにして、尋問官の反応を探るようになっていく。しまいにはBND・ドイツ連邦情報庁の尋問官が直接ヒアリングに乗り出し、アメリカのCIAに「カーブボール」情報を通報する。だが、BNDは、CIAの再三の求めにもかかわらず、じかに尋問させたがらなかった。「カーブボール」が稀にみる金の卵だと思い込んでいたからだった。

乾ききった枯れ野に落とされたマッチの火――。「カーブボール」はまさしくそれだった。それは燎原の火のように燃え広がった。まずドイツ連邦情報庁が掘り出し、ＣＩＡが飛びつき、イギリス秘密情報部も重大な関心を示すようになる。「カーブボール」情報は雪だるまのように膨らみ、自己増殖を続けていった。その果てにブッシュ大統領のスピーチにも「カーブボール」情報が取り上げられることになる。

二〇〇三年三月、英米の合同部隊はイラクに怒濤のように攻め込み、首都バグダッドを電撃的に攻略した。前線の兵士たちは、「カーブボール」情報を頼りに全土をくまなく捜索した。だが、大量破壊兵器はどこからも見つからなかった。「カーブボール」はドイツでの政治亡命を確かなものにし、新たな仕事を用意してもらい、年金を獲得し、ゆったりと暮らす住宅とメルセデス・ベンツをせしめるために、偽りの極秘情報をひとりで紡ぎ出していたのだった。

ジョン・ル・カレが『パナマの仕立屋』に託して描いた物語は、「カーブボール」の誕生を見事なまでに予見していた。

「インテリジェンス小説とは、現実に起きた出来事をフィクションの形で描くいわゆる情報小説ではない。物語が書かれた時点ではいまだ現実のものになっていない出来事をフィクションだとして描き、近未来にそれが現実のものとなる。これこそがインテリジェンス小説なのである」

戦後日本にひとり彗星のように現れたインテリジェンス・オフィサー、佐藤優はこう述べている。彼の定義に従えば、『パナマの仕立屋』は見事なインテリジェンス小説に仕上がっている。

「スマイリー」からの投書

米ボストン大学の資料に、ル・カレについて語るジョン・ビンガム夫妻の会話が書き起こされ、残っている。

「なぜ、いつも彼は英国秘密情報部をかくまで攻撃するのだろうか。まったく訳がわからない。なぜ、そんなことをするのか。彼は極めて知的であり、ソビエト寄りでも共産主義のシンパでもない。だから、こうした彼の姿勢が東ヨーロッパで、彼が純粋に敵だと断じている連中を安堵させ、気分よくさせ、喜ばせる。彼にはそれがわかっているはずだ。奴らはル・カレの小説を読んで、ほくそ笑んでいるにちがいない」

必死で任務を果たそうとするエージェント、そしてエージェントのモラルを何とか保と

う と努める情報機関を不快な思いにさせるだけだと手厳しい。情報戦の前線で、時に危険極まりない人生を送っている者たちを役立たずのろくでなしと決めつけることは適切ではないと不満を漏らしている。

自分が一連のル・カレ作品の主人公に仕立て上げられている——当のジョン・ビンガムがそう受け取るのは頷けよう。それだけに「もうひとりの自分」に終生違和感を拭えなかったのだろう。イギリスの諜報世界は、ビンガムにとって彼の命にも等しい至高の対象だった。ところが、ル・カレが描くイギリス秘密情報部は欺瞞に満ち溢れ、人々のモラルも曖昧模糊として、薄汚れたものに映る。ル・カレが造型したインテリジェンス・ワールドには単純な正義の士も、生まれながらの悪役も存在しない。

ビンガムにとって、そうした正邪の境のない世界は受け入れられないものだった。イギリスの社会システムは完璧とは言えないが、ファシズムや共産主義より遥かにましではないのか——ビンガムはそう考えていた。彼の部下たちは勇気と名誉を重んじる者たちであり、謙虚にして自己犠牲をいとわなかった。

ビンガムは「スマイリー」というペンネームでル・カレに宛てて手紙を書いた。ＢＢＣがアレック・ギネスの主演で『ティンカー、テイラー、ソルジャー、スパイ』を放送した一九七九年のことだ。

「率直に言わせてもらうが、なぜあなたはメディアのインタビューや一連の作品でこうもしばしば私の同僚たちを手厳しく攻撃するのでしょうか、その理由を考えると困惑せざるをえません。あなたが好きな『ホモセクシュアルのファンタジスト』より」

ル・カレを痛烈に皮肉った署名まで添えている。

ル・カレはかつてメディアのインタビューに応じて、情報戦の最前線に身を置くエージェントについて語ったことがある。そこで彼らを、自らの存在を正当化しつつゲームを戦うファンタジスト、夢想家だと表現したのである。そしてイギリスの諜報機関には少なからぬホモセクシュアルが紛れ込んでいる事実を指し「隠れホモセクシュアル」とも呼んだ。ビンガムは、わが愛するサークルへの辱めを忘れず、それを逆手にとったのだろう。

ビンガム以上にル・カレに燃えるような怒りを隠さなかったのは、ビンガム夫人マドレーンだった。彼女の夫は第二次世界大戦の開戦直後から冷戦期までＭＩ５に身を置き、一筋に国家に忠節を捧げてきた。それに較べてル・カレがＭＩ５に在籍したのはわずか二年、それなのにイギリス諜報界のエキスパートのように崇められることに憤懣を漏らしていた。

なによりマドレーンを怒らせたのは、ジョージ・スマイリーの妻アンが夫の同僚と不倫関係にあると描かれたことだ。彼女は*Smiley's Wife*と題する本を書きおろして刊行しようとした。だが、なんとＭＩ５によって出版を阻まれてしまう。

秘められた検閲システム

この出版阻止劇には二重の興味深い事実が隠されている。

民主主義発祥の地とされ、言論と出版の自由が保障されているはずのイギリスにあって、出版の自由が必ずしも保障されていないことがわかる。「国家の安寧と保安が脅かされる恐れがある」場合には、政府に出版の差し止めを認めているのである。インテリジェンス分野に言論の自由なし。これが伝統ある民主主義国イギリスの現実なのである。メディアへの規制は、出版社や新聞社側の曖昧な「自主規制」、さらには当局との隠微なやり取りを通じて行われる。このため外からはその手口が容易に窺い知れない。

しかし、出版・報道への介入を続けていれば、一般の国民から国家への共感は得られなくなってしまう。イギリスは、ファシズムや共産主義という独裁体制と対峙する道義的な正当性を有しているのか、という疑念を人々に抱かせてしまうからだ。

そこで国家の情報活動に対する人々の理解を得ておく必要が生まれる。とはいえ、情報活動の手札を安易にさらすわけにはいかない。そのため、情報源の秘匿という「ゲームのルール」をよくわきまえ、敵を利することがない、一種の布教者の存在が必要となる。

かつてイギリス秘密情報部に身を置いた経歴を持ち、守秘義務を破る心配のない、それでいて十分な影響力を持つ——これらの条件を満たすのはエスピオナージ作家をおいてほかにない。イギリスの情報当局とリテラリー・エージェントと形容される情報部出身の作家たち。両者の間には暗黙の共犯関係が成立している。リテラリー・エージェントとは通常、出版社などの著作権代理人をさす。しかし、この場合は「スパイだった作家たち」の意が込められている。

かくして伝説のスパイ、ジョージ・スマイリーは、ル・カレの筆の力によって老情報大国にどっしりとした基盤を築きえたのだった。スパイ小説の最高峰といわれる『寒い国から帰ってきたスパイ』（以下いずれもハヤカワ文庫NV）では、東側陣営の諜報組織と対峙する司令塔として采配をふるい、一度は現役を退きながら、イギリスの諜報界が「モグラ」と呼ばれる二重スパイに侵食されて瀕死の状態に陥ると、再び呼び戻される。そして『ティンカー、テイラー、ソルジャー、スパイ』で「ケンブリッジ・サーカス」と呼ばれるイギリス秘密情報部に返り咲いて、姿なき「モグラ」と対決する。そして『スクールボーイ閣下』でスマイリーはソ連の諜報界の巨魁カーラと最後の死闘を演じることになる。

人生最悪の日々

若き日のデービッド・コーンウェルは、奇怪な日々を送る詐欺師の父ロニーのもとで、あるときは億万長者のような、翌日には乞食のような暮らしを味わっていた。

「私は随分と早くから密やかで内向的な日々を送っていた。なにもかも秘密にしたまま、自分は被占領区に生まれし者だと思い定めるようになった。それほどに家庭内の不幸はどれもあまりに大きすぎ、他人には言えぬことばかりだった。常に変装したまま暮らしている気がした」

深い孤独を抱え込んだデービッド少年は、いくつものパブリック・スクールを転々とし、シェルボーン・スクールに転入した。

「私が生きてきた七〇年の人生で最悪の三年間だった」

ル・カレがこう述懐する寄宿舎の生活だった。だが少年はここで極北に輝くひとつの星を見つけることになる。屈折した少年を温かく受け入れてくれる、パブリック・スクール付きの司祭に出会ったのである。そのひとこそヴィヴィアン・グリーン師だった。ル・カレはBBCのラジオ番組で愛しの師をこう懐かしんでいる。

「彼こそ私が慕ってやまない師にして、贖罪師であり、父親代わりだった。パブリック・スクールで初めて出会い、驚いたことにはオックスフォード大学でもカレッジ付きの司祭として現れた」

ヴィヴィアン・グリーン師は、デービッドの家庭環境を知ると、少年の心の痛みに深い理解を示し、自分の心は彼とともにあると無言のうちに伝えてくれた。グリーン自身も決して円満とは言いがたい家庭環境で育っていたのである。

ヴィヴィアン・グリーンは、グレートブリテン島から狭い海峡を挟んで南方の洋上に浮かぶワイト島に生まれている。ひとりっこだった。父親は菓子工場を営んでいた。労働者を低賃金で長時間働かせ、近所の評判はまことに芳しからぬ強欲の工場主だった。そのうえ両親は不仲で口論ばかりしていた。グリーンは決して父親になつこうとしなかった。一方で母親は教育に熱心で、豊かとはいえない日々の暮らしから学費を捻出してくれた。グリーンは奨学生の資格を得てケンブリッジ大学のトリニティ・カレッジで歴史学を学んでいる。一九三三年のことだ。奇しくも、あのキム・フィルビーとまったく同じコースを歩んでいる。専攻はキリスト教会史だった。

卒業後はカンタベリーの神学校で教鞭を執り、一九四〇年には、イギリス国教会の司祭に任じられた。ヴィヴィアン・グリーンという人は、学校の教師としても、司祭としても、深い思いやりと洞察力に溢れ、人々から慕われたという。

牢獄から逃れて

一六歳のデービッド少年は、牢獄のようなパブリック・スクール「シェルボーン」を脱走する。学期末に誰にも告げず、シェルボーン駅からウォータールー行きの汽車に乗り込んだ。さして特別の感懐は湧かなかった、とル・カレは「ロニーの宮廷で」と題する文章に書いている。

「シェルボーンの街が地平線の彼方に消えゆくのを見つめながら思った。ああ、二度とここに生徒として戻ってくることはないんだ」

デービッド少年は新たな旅路に向かう決意を固めていた。いまを逃しては、ロニーの磁力から逃げ出すチャンスは永遠にこないと思い定めていた。

デービッド・コーンウェルは、スイスのベルン大学で二年の間、ドイツ語の言語学を学んでいる。そして一九五〇年には、冷戦の最前線に位置するオーストリアのイギリス陸軍の情報部隊に雇われた。そのドイツ語の能力を買われたのである。鉄のカーテンをかいくぐり、東側陣営から亡命してきた人々をドイツ語で尋問する仕事だった。一九五二年に帰国し、オックスフォード大学のリンカーン・カレッジに進学している。

ル・カレは寒い国からやってきた人々への尋問の仕事を通じて、すでにイギリス陸軍の情報部隊と特別なつながりを持っていた。オックスフォード大学に入学すると、MI5の指示を受けて学内の左翼グループに接近し、ソ連の情報工作が学内にどのように浸透しているかを探る仕事を請け負っている。オックスフォード大学でも密かに二足の草鞋を履いていたのだった。

左翼グループには上流階級の金持ち子弟が数多くいた。そんな連中を相手に、自らの素性、ましてや父親の素顔を語ることはなかった。ル・カレは、いついかなるときでも仮面をつけたまま、現実感の希薄な、もうひとつの人生を送っていたのである。

オックスフォードの畸人

そんなル・カレにとって何よりの光明だったのは、懐かしの師との再会だった。グリーン師は以前と変わらず、オックスフォードの鈍色の暗鬱な空の下を、ひときわ派手な柄のシャツに緑色の革のズボンをはいてゆっくりと歩いてくるではないか。紛れもなく牢獄「シェルボーン」での唯一の救い主グリーン師だった。

イギリス国教会の司祭らしからぬ司祭、グリーン師は、ビクトリア朝の博学を身につけ、専門の中世キリスト教会史にとどまらず、広大な分野で気の遠くなるような数の著作を世に送り出していた。まさしく知の怪人だった。

ヴィヴィアン・グリーンは、膨大な著作から得られた印税で、イギリスでいちばん美しい村と言われるコッツウォルズに家を持った。羊毛商人が建てた中世の邸だった。同じころ、メルセデス・ベンツのオープンカーを買っている。

ひとたびグリーンのものになるや、コッツウォルズの邸はいっさい改装されることなく、ベンツもまた買い替えられることはなかった。屋敷もベンツも師とともに齢《よわい》を重ねていった。グリーンはしばしばここに学生や知人を招いている。冷房はいうに及ばず、集中暖房の設備もないため、冬には客人は皆ひどく厚着をして来なければならなかった。しかし、そこでは美味しい手料理が振る舞われ、ワインを傾けながらの会話は、至福のひとときだったという。教え子たちはグリーンとともに美しい田園の小道を散策し、由緒ある邸宅や中世の教会を訪ね歩いた。グリーンは地元の教会の司祭も引き受け、村の人々とも親しく接していた。

オックスフォード大学リンカーン・カレッジは、女神ミネルヴァの知恵のフクロウのような存在であるヴィヴィアン・グリーンの名を冠したフェローシップを設立する。そのための募金活動が行われ、ジョン・ル・カレも大学の雑誌に寄稿して貢献した。

「ヴィヴィアン・グリーンが持っていた魅力的なキャラクターをわが小説の主人公スマイリーに授けた」

作家自らが、伝説のスパイを造形するにあたってグリーン師にも啓示を受けていたことを明かしたのだ。一九九五年のことだった。

「あの近眼、人混みにすっと紛れ込む技、いかなるスパイも羨む洞察力と記憶力。だが、あえてひとつだけ挙げるなら、彼の知性と精神の強靭さ、それをスマイリーに投影させている」

ル・カレはこう書いたのだが、グリーンは「女性に疎遠なところも私に似ている」と笑ったという。

著名な中世教会史の大家にして、伝説のスパイマスター、ジョージ・スマイリーの原像となったヴィヴィアン・グリーンは、オックスフォード大学リンカーン・カレッジのフェローとして半世紀を過ごし、二〇〇五年に八九歳の天寿を全うした。

第五章 裏切りの風土

——ダブルエージェントとは何者か——

キム・フィルビー、ニコラス・エリオット

冷たい戦争の残滓《ざんし》

アメリカ合衆国の首都ワシントンD.C.の一角に位置するフォギー・ボトム。その名のとおり、開拓時代はしばしば深い霧に覆われる、広大な窪地だった。いまここには超大国の外交を担うアメリカ国務省が置かれている。それゆえ「フォギー・ボトム」といえば、アメリカの外交当局を指す。この一帯からポトマック河沿いのキャナル・ロードに出て、北西に車で四五分ほど走ると、深い森のなかに「オールド・アングラーズ・イン」がひっそりと姿を現す。

この堅牢な石造りの館は、文字通り「釣り人の宿」だった。熊狩りの名手として知られたセオドア・ルーズベルト大統領もしばしばこの宿に泊まって、ポトマック河で釣り糸を垂れたという。筆者もオールド・アングラーズ・インに、ある政府高官を招いてチェサピーク湾で獲れたカニの料理を振る舞ったことがある。人目につかず、料理も美味しく、樹々の緑が清々しい。密談を交わす場としてはうってつけだ。ここに客を誘って断られたことがない。

歴代の共和党政権に仕え、隠然たる影響力を誇った眼前の人物は、窓の向こうに広がる森を指さしてそっと教えてくれた。

「あそこに鬱蒼とした広葉樹の森が見えるでしょう。あのどこかには冷たい戦争の遺物がいまも埋まっているのです」

眼前の高官は、かつてラングレー、すなわちＣＩＡに籍を置き、冷戦の強者《つわもの》としてクレムリンに真っ向から戦いを挑み、ＣＩＡにこの人ありと言われた逸材だった。森のなかに隠されている遺物とは何なのですか――相手にそう尋ねさせない、凜とした威厳を漂わせていた。

ベン・マッキンタイアーは、先の大戦から冷戦期にかけて、老情報大国が存亡をかけて繰り広げた情報戦のいわば観戦武官だった。イギリスを代表するこのジャーナリストが著した『キム・フィルビー〜かくも親密な裏切り〜』（中央公論新社刊）を読んで、あの「冷戦の遺物」が何だったのか、四半世紀ぶりに知ることができた。

「そこにはソ連製の写真機が、フィルビーのスパイ活動を示す秘密の記念品として、六〇年以上も埋められたままになっている」

ソ連製の写真機は、イギリス秘密情報部の輝ける星でありながら、クレムリンの二重スパイだったキム・フィルビーの持ち物だった。そのころ、キム・フィルビーは、西側同盟の盟主にして、血を分けた友邦、アメリカ合衆国にイギリス秘密情報部のワシントン支局長として赴いていた。

インテリジェンス・オフィサー、キム・フィルビーは、キャリアの絶頂にあったまさにそのとき、つむじ風のような災厄に見舞われた。彼は、ケンブリッジ大学に在学中、マルキシズムに心惹かれ、やがてクレムリンのスパイになった。あの時代、同じような軌跡を辿ってクレムリンの隠れた使徒となった五人の仲間がいた。「ケンブリッジ・ファイブ」と後年呼ばれる男たちである。彼らは皆、イギリス政府の要職に就き、あるいは社会的に影響力のあるポストを占め、素知らぬ顔でイギリス社会の良き一員になりすましていた。「五人の赤い仲間」のうち、ふたりがソ連の二重スパイであることが露見しそうになった。そして彼らを操っていたソ連の情報統括官《コントローラー》に助けを求めて、モスクワに逃亡してしまったのである。

キム・フィルビーの素顔も危うく暴かれそうになる。彼は幾多の機密書類を写したソ連製の写真機を「オールド・アングラーズ・イン」に近い森のなかに埋め、自らの足跡を消し去ろうとした。このカメラこそ、冷たい戦争の残滓だった。米ソの対立が険しさを増しつつあった一九五一年の出来事だった。

少年キム

イギリス秘密情報部の情報士官《インテリジェンス・オフィサー》として赫々《かくかく》たる戦果を挙げながら、クレムリンの二重スパイでもあったキム・フィルビー。彼の正式な名前は、ハロルド・エイドリアン・ラッセル・フィルビー。フィルビーを最初に「キム」というニックネームで呼んだのは、父親のシンジャンだった。

シンジャン・フィルビーこそ、途方もない畸人を輩出することでは並ぶもののなき大国、大英帝国でも飛び抜けてエキセントリックな人物だった。風変わりなアラビア学者であり、探検家としても高名で、作家としても知られた存在であった。シンジャン・フィルビーが行くところ常に変事が巻き起こった。

シンジャンは、ラドヤード・キプリングが書いた小説『少年キム』の主人公にちなんで息子をそう呼び、「キム」はフィルビーの生涯を通じた通称となった。

インド生まれのイギリス人作家ラドヤード・キプリングが筆を執った『少年キム』の舞台は、一九世紀末のインド亜大陸である。土地の言葉を自在に操り、ヒンドゥー小僧のいでたちで、熱気溢れるラホールの路地を自在に駆け抜けるイギリス人の少年。世界の少年、少女を魅了した孤児の名がキムだった。

ある日、キムは、チベット仏教の高僧《ラマ》と出会い、弟子入りして伝説の聖河を探す旅に出る。だがこの道すがら、イギリスの連隊に出くわし、大嫌いな学校に入れられてしまう。

当時、ここ南アジアの地では、「グレート・ゲーム」として知られる、熾烈な情報戦が繰り広げられていた。新興の帝国主義勢力たる帝政ロシアが不凍港を求めて南下しつつあった。大英帝国の力の源だった広大な英領インドが危機に曝されている――。警戒感を募らせたイギリス政府は、各地にスパイを放って、南下政策をとる帝政ロシアと情報戦を繰り広げた。

ロシアの動向を秘かに摑むのに、キム少年は理想的なスパイとなるにちがいない――。イギリスの諜報機関はキムに白羽の矢を立てたのだった。かくして奔放な孤児だったキムは、老僧と求道の旅を続けながら、小さなスパイとして獅子奮迅の活躍を見せていく。

キプリングの小説『少年キム』の面白さは、飛び抜けて魅力的なキムのキャラクターにある。キムは白人の少年なのだが、時に顔を黒く塗ってヒンドゥーの最下層の少年に変装したりする。彼は敏捷な身のこなしで、軽々と動き回り、頭の回転もずば抜けて早い。

少年キムは、インドとイギリス、東方世界と西方世界、それぞれが秘めている知恵と多様な流儀をわがものとして雄々しく生き抜き、その才覚で次々に難局を切り抜けていく。

物語のなかに明日の自分がいる――。『少年キム』は東方世界に雄飛したいと願うイギリスの少年たちを虜にしたのだった。

『キム・フィルビー』の著者ベン・マッキンタイアーは、「キム」の命名こそ、のちに二重スパイとなる男の運命を暗示して秀逸だったと指摘している。

「その名前が彼の息子にどれほどぴったりしたものであったことか。それは随分と後になるまで分からなかった。あの小説の主人公キムは、相異なる二つの個性を併せもち、すべてに二面性を備えた少年だった」

キム・フィルビーは、一九一二年、父シンジャン・フィルビーが大英帝国の植民地、旧インド領のパンジャーブ州ラホールで行政官をしていたときに生まれた。現在はパキスタンの大都市だが、当時は植民地インドの版図に含まれていた。植民地は野心の子供を育てるという。キム・フィルビーもまた植民地が生んだ申し子であり、大英帝国に常ならぬ愛着を抱き、同時に燃えるような反感を宿していた。

やがてキムは、祖国イギリスに送られ、上流階級の教育を授けられる。父が学んだ名門のパブリック・スクール、ウェストミンスター校に進んでいる。そこで父親の期待に応えて優秀な成績を収め、やがて歴史学専攻の奨学金を得て、これまた父親のシンジャンと同じケンブリッジ大学の名門トリニティ・カレッジに入学を果たした。そのとき、キムは弱冠一七歳だった。

ケンブリッジの赤い仲間たち

キムが学んだ一九三〇年代のケンブリッジ大学はまさしく疾風怒濤のなかにあった。ヨーロッパ大陸ではアドルフ・ヒトラーに率いられて、ナチズムが台頭していた。スペインでは人民戦線が権力を握りつつあり、これに烈しく抗う右派のフランコ派との間でこの国を真っぷたつに引き裂き、スペインは内戦の季節を迎えようとしていた。各国の左翼勢力は人民戦線を、片やファシズム陣営はフランコ派を支えて、スペインは世界の左右両勢力が雌雄を決する舞台となりつつあった。

一方で、新興の経済大国アメリカから吹きつける烈風はヨーロッパを不況のどん底に陥れようとしていた。一九二九年、ウォール・ストリートの株価大暴落に端を発した世界恐慌が、資本主義体制そのものを揺るがしていた。

激しく揺れ動く国際情勢はケンブリッジ大学に学ぶ若者たちを社会改革の運動に駆り立てずにはおかなかった。左翼思想が熱病のようにケンブリッジの学生たちに取り憑いていった。若き日のキム・フィルビーは仲間たちと連日連夜、議論に明け暮れた。自分こそいまのイギリス社会を、いや世界の社会システムを変革してみせる。そんな自信を漲らせていった。

混迷に満ちたいまの世界を救うことができるのは共産主義のほかにない——。キム・フィルビーはやがてマルキシズムのイデオロギーをわがものとし、終生、この信条に忠実であり続けた。ナチス・ドイツが政権の座に就く一九三三年にはケンブリッジの仲間たちとベルリンを訪れて、ユダヤ人に対する燃えるような人々の反感を目の当たりにした。そして反ファシズム勢力の戦いに身を投じる決意を固めていく。だがキム・フィルビーは、イギリス共産党の組織に入ろうとはしなかった。わが心のなかに胚胎している信念を決して他人に覗かせようとはしなかった。

ガイ・バージェスとドナルド・マクレイン。彼らはキム・フィルビーとケンブリッジの学内でしばしば議論を交わした左翼仲間だった。ガイ・バージェスは、共産主義の思想を誰憚ることなく吹聴し、モスクワへの支持を声高に叫んでいた。一方のドナルド・マクレインは言語学を専攻する秀才で、すでにイギリス外務省への採用が決まっていた、物静かな学生だった。ふたりは、早くからソ連の諜報組織にリクルートされ、クレムリンのスパイとなっていた。やがてバージェスも、外務省に職を得ることになる。

第二次世界大戦後、キム・フィルビーがイギリス秘密情報部のワシントン支局長だった時代、赤い仲間たちに危機が忍び寄っていた。アメリカの暗号解読チームは、モスクワとソ連の在外公館の間でやり取りされる最高度の機密電報を解読しつつあった。いわゆる「ヴェノナ解読情報」である。

このヴェノナ情報が手がかりとなって、ロスアラモス研究所で原爆の開発に携わっていたクレムリンのスパイが摘発された。ドイツ生まれの核物理学者クラウス・フックスだった。キム・フィルビーは、原爆開発チームに危険が迫っていることをモスクワに急報したのだが、ＦＢＩが一瞬早くフックスの身柄を押さえてしまった。判決は一四年の禁固刑だった。ニューヨークに拠点を設けてフックスらの原爆チームを統括していたローゼンバーグ夫妻はのちに処刑された。

ヴェノナ情報は、ソ連の有力な情報網がロンドンに存在しており、そのなかにコードネーム「スタンリー」と呼ばれる、とりわけ重要なイギリス人の高官がいることを示唆していた。この「スタンリー」こそキム・フィルビーだった。彼はイギリス秘密情報部のワシントン支局長の立場を使って、当時バージニア州にあったアメリカ政府の暗号解読センターを訪ねている。そして「スタンリー」が自分であることを示す情報がどこかに埋もれていないかと必死で探ったのだった。

こうしたなかで更なる災厄が襲いかかった。ヴェノナ情報にある暗号名「ホメロス」は、イギリス外務省アメリカ局長の要職に就いているドナルド・マクレインであることが判明してしまった。「ホメロス」の妻が一九四四年当時、妊娠してニューヨークに滞在していた事実がヴェノナ情報から明らかになり、当時の状況から推察してメリンダ・マクレインだと断定されたのである。キム・フィルビーはモスクワにその旨急報した。ガイ・バージェスとドナルド・マクレインは、寒い国に向けて亡命した。一九五一年五月のことだった。

イギリスの防諜組織が、三〇年代のケンブリッジ時代の交友関係をいま少し詳しく調べていれば、バージェスとマクレインのすぐ向こうにキム・フィルビーの姿があったことは容易にわかったはずだ。だが、キム・フィルビーは危機一髪、難を逃れたのだった。

猫かぶりの少年たち

パブリック・スクールは、その独特な寮生活に名門の子弟たちを迎え、身体も心も厳しく鍛えあげ、真のイギリス紳士を育んできた——こう一般には説明される。だが、幼くして親元を離れ、舎監の監視のもとで、同級生たちと暮らす教育システムには、光と影が同居している。

ジョン・ル・カレは、イギリス秘密情報部に入る前、格式を誇るパブリック・スクールのイートン校でドイツ語の教師を足かけ二年間務めたことがある。名門校なるものは、イギリスの上流階級の優れた側面と最も悪しき側面を併せ持っていた、とル・カレは指摘する。良き生徒たちは、向学心に燃えた、いかにも選ばれし者たちだ。教師たちも生徒の知識の地平線をぎりぎりまで押し広げようと努める。一方、素行の悪い生徒たちは、のちに作家となるル・カレにとって、犯罪者の心理を窺い知るのに格好の存在だった。

ジョン・ル・カレもまたパブリック・スクールで教育を受けている。だが、父親が詐欺師という特殊な家庭環境もあって、学校生活に馴染めず、孤独な存在だった。それゆえ、そこに学ぶ少年たち、とりわけ群れから離れた少年たちの心の内を理解することができた。

パブリック・スクールの暮らしでは、生徒たちは自分の身を守るために嘘をつく。そんな特異な種族を生み出す、独特の教育制度だったとル・カレは言う。

「パブリック・スクールの生徒たちは、地上最大の猫かぶりなのだ。誰よりも言葉巧みに人を魅惑し、誰よりも上手に感情を押し隠し、誰よりもうまく自らの足跡を消し去ってしまう。そして、自分が馬鹿だったと白状することを誰よりも嫌う人種なのである」

バスを待つ列に親しい友人の隣で何食わぬ涼しげな顔で立ちながら、そのじつ、極度の情緒不安定に悩まされたりしている。心からの親友だと思っていた人物が、本当はどんな人間なのか、ついにわからないままだったりする。こうした環境で、自分の感情を完璧に統御してみせ、自己を鍛錬する。イギリス上流社会の特殊な教育システムは、知らず知らずのうちに少年たちを猫かぶりに変貌させていく。

幼くしてこんな仲間と育った人間たちは、長じて諜報の世界に身を投じたとき、熾烈な情報戦を戦う十分な資質をすでに備えていた。スパイであることを相手に悟られずに存分に貴重な情報を引き出すことに秀でていた。イギリスのパブリック・スクールは、幾多のスパイを輩出する優れた学校だった。とりわけ、キム・フィルビーのように、二重の忠誠に生きなければならないダブル・エージェントを育む温床となった。

キム・フィルビーは、ケンブリッジでも、諜報の世界に入った後も、パーティによく姿を見せ、じつに洗練された所作で人々を魅了した。ウィットに富んだ会話でたちまちその場の人気者となった。

冷戦期、西側同盟の首都となったワシントンD.C.でも、キム・フィルビーは圧倒的な人気を博した。閉ざされたインテリジェンス・コミュニティではなおのこと、群を抜いたスターだった。集まりがあると情報関係者たちはまずキム・フィルビーの姿を捜し、競ってその輪に加わろうとした。かくしてキム・フィルビーは、ホワイトハウスや国務省の高官たちからいともたやすく最高度の機密情報を引き出した。そして深夜、自宅に帰り着くと、クレムリンに向けて秘密報告をしたためる。クレムリンは天性のスパイを介して超一級のインテリジェンスを手に入れ、次なる情報戦で西側陣営に痛打を浴びせたのだった。

オットーと呼ばれた男

キム・フィルビーはケンブリッジ大学で学び、マルクス主義に急速に傾いていった。だが国内の左翼組織と関係を持っていたわけではない。ケンブリッジ大学でマルクス経済学を講じていたキムの指導教官モーリス・ドッブが、地下組織に渡りをつけてくれた。コンタクト先は国際共産主義運動を率いる「コミンテルン」のパリ代表だった。その人物を介してオーストリアの地下組織とつながりを持つようになる。キム・フィルビーは共産主義を密かに信奉するだけでなく、全体主義に立ち向かうため現実に行動を起こそうと志したのだ。

「ナチが急速に台頭しつつあるオーストリアの首都ウィーンに潜入せよ」

コミンテルンの指示を受けて、キム・フィルビーは勇躍ウィーンに旅立っていった。

キム・フィルビーを待ち受けていたのは、妖艶な若きオーストリア女性だった。ユダヤ系の血を引く二三歳になる知識人アリス・コールマンである。キム・フィルビーはすぐさま「リッツィ」と仲間から呼ばれていたアリスと激しい恋に落ちていった。

だが、美しい中欧の古都でも強権的な政府による苛烈な弾圧が日増しに強くなり、ふたりはオーストリアを去って、イギリスに逃げるように帰り着く。こうしてリッツィが最初の妻となった。やがてオーストリア出身でイギリス人写真家と結婚していたイーディス・チューダー＝ハートの手引きで、キム・フィルビーはモスクワから来た情報統括官《コントローラー》に引き合わされる。

ある日、ロンドンのリージェント・パークにひとりの男が姿を見せた。事前の打ち合わせ通りだった。

「わたしがオットーです」

ベンチに座る男はそう自己紹介をした。キム・フィルビーがモスクワから派遣された諜報関係者とじかに接触したのは、このときが初めてだった。ドイツでヒトラーが政権の座に就いた翌一九三四年のことだった。

オットーと呼ばれた男は、本当の名をアルノルト・ドイッチュという。鉄のように鍛えられたマルキストだった。

アルノルト・ドイッチュは、一九〇四年にオーストリア・ハンガリー二重帝国の首都ウィーンで生まれた。スロバキア系のユダヤ人だった。当時、世界最高峰といわれたウィーン大学で哲学と化学の博士号を同時に取得している。おびただしい数の民族を擁していたハプスブルク帝国に育ったとはいえ、究極のポリグロット、多言語を操る天才だった。母国語のドイツ語はもとより、フランス語、イタリア語、英語、オランダ語、それにロシア語まで流暢に話して淀むところがなかったという。

やがてマルキストとなり、オーストリア共産党に入党する。その後、国際共産主義運動を率いるコミンテルンにリクルートされ、モスクワのスパイとなった。ドイッチュは、インテリジェンス用語で言ういわゆる「イリーガル」だった。外交官の特権を持たないまま、在野でスパイ活動を行うよう命じられる。

ロンドンに潜入したドイッチュは、本当の身分をカバーするため、ロンドン大学の心理学部に入学する。そしてケンブリッジ大学などで学ぶ左翼学生をモスクワの諜報員にリクルートする任務を担ったのだった。

ベン・マッキンタイアーは記している。

「ドイッチュが探し求めていた対象は、長期にわたり正体を秘匿し、人々から怪しまれないようイギリスの支配階層に入り込める揺るぎなき左翼思想をもつスパイだった。ソ連の諜報組織は長期の情報戦を構えており、撒いた種をずっと後になって収穫できればいいと考えていた。そのままスリーパー、休眠させておいてもいいと鷹揚に構えていた。じつに単純にして見事な戦略だった。永遠に続いていく世界革命に取り組む国家ならではの遠大な作戦だった。こうした目論見はやがて驚嘆すべき成果を収めることになった。

コードネーム「オットー」ことドイッチュは、キム・フィルビーら「ケンブリッジ・ファイブ」をはじめとして、二〇人を超えるエージェントを獲得したのだった。さらにイギリス外務省通信局の暗号技師だったG・キング大尉を獲得し、イギリス政府の秘密電報にもアクセスできるようになった。

「オットー」は独ソ戦が勃発すると、中立国だった南米アルゼンチンへの赴任が命じられた。一九四一年一一月のことだ。だが翌月、日本の真珠湾奇襲で太平洋戦争が始まったため、当初目論んでいたイランからインドを経て東南アジアに至る航路が危険となってしまう。このため、オットー・チームはいったんモスクワに戻り、再びソ連の輸送船「ドンバス」に乗船して北大西洋経由でアルゼンチンを目指したのだった。だが「オットー」を乗せた輸送船は、ドイツの巡洋艦によって撃沈されてしまう。目撃者の証言によれば、アルノルト・ドイッチュは、仲間たちを救おうとして英雄的な死を遂げたという。

百年に一度の逸材

　キム・フィルビーという逸材を遂に探しあてた——。それは、「オットーと呼ばれた男」の生涯最大の戦果だった。この左翼学生はクレムリンの諜報員として三つの理想的な条件を備えていた。第一にいかなる共産主義系の組織にも属していない。これはイギリスの防諜当局から監視対象にされていないことを意味した。きわめて安全な諜者だった。第二にイギリス社会の上層部に浸透できる家柄と学歴を備えている。父親が中東の王族から篤い信頼を得ているアラビア学者であることも好もしい材料だ。この学生ならイギリスの政府機関は喜んで幹部候補生として迎え入れるだろう。第三は人々を惹きつけてやまない人間的魅力に溢れている。オットーは第三の資質を何より気に入っていた。磁力を持つ者にこそ人は機密を明かしたがるからだ。

　これほどの金の卵を慌てて使い捨てにしてはならない——オットーはこう自らに言い聞かせていた。まずは手始めに、イギリスの新聞特派員に偽装させて、左右両陣営の対立で内乱の様相を呈しているスペインに送り込むのがいい。キム・フィルビーならロンドンの編集局を満足させる記事が書けるだろう。しかるのちに、イギリスの政府機関、とりわけ諜報組織に浸透させせたいとドイッチュは考えた。かくしてキム・フィルビーは誰に知られることもなく、ゆっくりと時間をかけて、クレムリンの秘蔵っ子の諜報員として育てられていった。

だが、風変わりなアラビア学者の息子は、マルクスの『資本論』に熱心に読みふけるわけでもなく、社会の下層に入り込んで労働運動に身を投じるでもない。自分の心のうちを他人に決して覗かせず、悩みを友人に打ち明けたりもしなかった。わが胸のうちにひとりマルクス主義のイデオロギーをにえたぎらせながら、決してそれを外の世界にさらそうとしなかった。

キム・フィルビーは共産主義のイデオロギーに終生疑いを差し挟まなかったという。だが同時にスターリンの独裁下で行われていた恐怖政治の現実にうすうす気づいていた。しかしながらその残忍さに眼を向けようとはしなかった。この青年は自らの精神の王国に棲み、自らが帝王として君臨していたのである。

アルバニアの悲劇

第二次世界大戦では中立を貫いたスペインとポルトガル。それゆえにイベリア半島は連合国と枢軸国が死闘を繰り広げる情報戦の主戦場となった。イギリス秘密情報部は、この重要戦線に、かつてスペイン内戦を「ロンドン・タイムズ」紙の特派員として取材したキム・フィルビーを投入した。キム・フィルビーは上司を納得させる成果を挙げ、ロンドンに凱旋している。

このとき、キム・フィルビーが仕えるふたりの主人、イギリス国王のジョージ六世とソ連共産党のスターリン書記長は戦時の盟友だった。それゆえ、フィルビーに心理的葛藤などなかったのだろう。なにより、ダブル・エージェントであることが発覚する危険が少なかった。戦時の同盟国である以上、非公式な情報交換や接触は日常的に行われていたからだ。

第二次世界大戦が終わって、冷たい戦争の幕が上がり、ロンドンとモスクワの対立が決定的になると、クレムリンのスパイ、キム・フィルビーの価値はいよいよ高まっていった。その一方で、イギリス秘密情報部でもフィルビーは幹部への道を着実に歩んでいった。出世の階段を一段上れば、それだけ枢要な機密情報へのアクセスが容易になった。

キム・フィルビーは、東側陣営の盟主、ソ連邦を標的に情報戦の指揮を執りながら、時を同じくしてクレムリンに西側同盟の極秘情報を送る二重の任務をこなしていた。クレムリンの首脳陣は、キム・フィルビーを介して西側陣営が打つ情報戦の手の内をそっくり知ることができた。東西両陣営が繰り広げるインテリジェンス・ウォーでクレムリンが優位に立ったことは言うまでもない。

こうした構図は、アルバニアをめぐる情報戦でイギリスに悲劇をもたらした。手痛い敗戦はいまなお情報関係者の間で語り草になっている。

ポーランドやチェコスロバキアからユーゴスラビアにかけての東ヨーロッパ一帯は、第二次世界大戦後、次々にスターリンの支配下に組み入れられていった。ギリシャも共産系のパルチザンの活動が活発となり、社会主義陣営に傾く恐れがあったものの、アメリカ政府の懸命のテコ入れで辛うじて西側陣営にとどまっていた。

このギリシャの北西、バルカン半島の西の根元に位置しているのがアルバニアだった。半島の小国は、共産党のパルチザンを率いたエンヴェル・ホッジャのもと、東側陣営に投じていた。だが、英米の情報機関は、反ホッジャの右派勢力を糾合してアルバニアを奪還しようと試みた。貧しい農業国アルバニアは東側陣営の「柔らかい脇腹」と言われ、突き崩すことができるはずと考えたのだ。アジアでは中華人民共和国が建国された一九四九年のことだった。

この作戦は主としてイギリス秘密情報部が担うことになった。国外にあってホッジャの支配体制に反感を募らせるアルバニア人武装勢力を結集して、彼らに武器と資金を与え、アルバニアに秘かに上陸させる秘密作戦だった。一九六〇年代の初めに、アメリカのCIAが反カストロ派に武器と資金を与えて試みたキューバ侵攻作戦の先駆けと言える。作戦名は「バリュアブル」。確かに成功すれば、スターリンが築いた鉄のカーテンに〝価値ある〟痛打を浴びせることができたはずだ。

あろうことか、このときキム・フィルビーがイギリス秘密情報部を代表して、CIAとの間で作戦の連絡調整にあたっていた。一九四九年一〇月三日の夜を期して、武装した反政府ゲリラの兵士を乗せた二艘のゴムボートは、アルバニアのカラブルン半島に上陸していった。ところが、そこで武装ゲリラを待ち受けていたのは、ホッジャ麾下《きか》の精鋭部隊だった。アルバニア侵攻作戦は惨めな失敗に終わり、多くの犠牲者を出して終結した。

反政府ゲリラの運命は作戦の決行前から決まっていた。作戦決行のXデーと上陸地点がクレムリンの側に見事に抜けていたからだ。密告者はキム・フィルビーだった。このとき、当の二重スパイはキューナード社の豪華客船カロニア号の上級船室で寛ぎ、ニューヨーク港を目指して大西洋上を西に向かっていた。彼は英米の情報当局を結ぶリエゾン・オフィスの責任者としてワシントンに赴こうとしていた。

どこかに「モグラ」が潜んでいる――。ロンドンの諜報当局では重大な疑念が持ちあがっていた。いくつも極秘作戦で同じような失敗が続いていたからだ。単独の作戦ならともかく、こうも失態が続くのは、諜報組織の中枢に裏切り者が潜んでいるからではないのか。二重スパイの正体を突きとめるべく、防諜組織であるＭＩ５・情報局保安部が動き出した。やがてキム・フィルビーがモグラのひとりではないかという疑いが浮上する。

偽善と裏切りの勝利

ケンブリッジ時代からキム・フィルビーの同志だったガイ・バージェスとドナルド・マクレインがモスクワに亡命して以来、「第三の男」への包囲網が日に日に狭まっていった。イギリス秘密情報部の最上層部にクレムリンのモグラが潜んでいる――。その事実を窺わせる極秘情報は、ヴェノナ文書だけでなく、さまざまな部署から寄せられていた。キム・フィルビーはソ連側のコントローラーと頻繁に連絡をとり、万一の場合に備えてモスクワへの逃避行の段取りを打ち合わせている。

ガイ・バージェスは、ワシントンのイギリス大使館に在勤していた折、キム・フィルビーと一時同居していたことがあった。さらなる疑いの眼がキム・フィルビーに向けられるのは自然の成り行きだった。だが、戦前からモスクワに忠誠を尽くしてきたモグラはしたたかで、イギリスの防諜当局にたやすく尻尾を摑ませなかった。

キム・フィルビーがクレムリンのスパイであることを示す決定的な証拠は出てこなかった。だが、情報当局は疑念を拭い去ることもできなかった。そしてロンドンの「イブニング・スター」紙に「第三の男はフィルビーだ」と報じられてしまう。さしものイギリス秘密情報部も疑惑の人物を要職に就けておくわけにはいかなくなる。こうしてキム・フィルビーはイギリス秘密情報部を逐われた。

疑惑の幹部のもとに大勢の記者たちが詰めかけてきた。母親のフラットで記者会見をせざるをえなくなる。だが、キム・フィルビーは会見でも落ち着き払っていた。そしてメディアの執拗な追及を巧みにかわしてみせた。

「ガイ・バージェスのモスクワ亡命は、永年の友情に照らしてみれば、むろん残念だと思います。しかしながらいまは多くを語りたくありません」

そして相手が共産主義者とわかって会話を交わしたのは、公職に就く前の一九三四年が最後だったとしらを切り通した。彼の会見を心配げに見守っていたモスクワのコントローラー、ユーリ・モジンは、自分が操ってきた男の演技を讃えている。

「息をのむほど見事だったよ」

パブリック・スクールで培われた猫かぶりは、このときも遺憾なく発揮され、身に降りかかる火の粉を払ってみせたのである。

洗練された死闘

老情報大国のインテリジェンス・サークルは、僚友キム・フィルビーを救出すべく秘かに工作を繰り広げた。その中心にいたのがイートン校出身のスパイマスターで、イギリス秘密情報部の同僚ニコラス・エリオットだった。ジョン・ル・カレはベン・マッキンタイアー著『キム・フィルビー』に長いあとがきの筆を執り、古き良き時代の情報士官についてこう述べている。

「ニコラス・エリオットは、私が出会ったなかでは、群を抜いて魅力的でウィットに富み、所作は優雅にして、礼儀正しく、どんなことをしても相手を楽しませずにはおかないといったスパイだった」

職場の戦友にして親友、エリオットの尽力が功を奏して、キム・フィルビーは静かに諜報の世界に復帰を果たしている。スエズ動乱の足音が高まっていた一九五六年のことだった。中東情勢を見通すうえで、またとない戦略上の要衝、レバノンの首都ベイルートにイギリスの新聞特派員を表の肩書にして、キム・フィルビーを送り込むことで話がまとまった。

現地に滞在する費用はイギリス秘密情報部がすべて賄う。こうしてキム・フィルビーはフリーランスの特派員として、ロンドンの「オブザーバー」紙にベイルート発の署名記事を投稿することになった。

だが、キム・フィルビーはまたも苦境に立たされることになる。今度はソ連からの大物亡命者が災いの震源地となった。「第三の男」はキム・フィルビーのほかにありえない

――亡命者が携えてきた情報から防諜当局はこう断定する。

決定的な窮地に追い込まれた同僚に直接真相を質すべく、永年の親友ニコラス・エリオットは自ら願い出て、ベイルートへと赴いていった。自分が尋問官となり、当人と対峙すると申し出たのだった。

「イギリス人の非常な礼儀正しさを示す、洗練された死闘だった」

冷戦史上稀にみる対決をマッキンタイアーはこう表現している。

ふたりの果たし合いは、ジョン・ル・カレ作品と見紛うばかりに緊迫したものとなった。いや、正確に表現するなら、この対決の模様をのちに聞き出したル・カレがスマイリー三部作のなかに忠実に再現したと言うべきだろう。

ともに名門パブリック・スクールを経てケンブリッジ大学トリニティ・カレッジに学び、情報の世界で深い絆で結ばれたふたりは、死力を尽くして最後の戦いに挑んだのだった。それは冷戦史に刻まれる対決となった。

ベイルートでの対決の終幕に、奇妙な手打ちが行われた。

キム・フィルビーは過去を認める調書に署名し、ニコラス・エリオットは友を機密漏洩の罪で訴追しないと告げてコンゴに旅立っていった。キム・フィルビーには特別な監視はつけられなかった。彼は淡々とモスクワへ亡命を果たしている。一九六三年一月のことであった。

「イギリスでは、フィルビーはあまりにもイギリス人的だったゆえに疑われなかった」

イギリス紳士を育んだ特異な教育システムと幾重にも折り重なる社会階層。そんなイギリスの上流社会を内側から見続けてきた冷徹な観察者、ベン・マッキンタイアーでなければ、この本は紡げなかっただろう。

「その後の会話を文字に起こした記録の全文を、ＭＩ５はいまだに公開していない。実を言うと、録音にはほとんど聞き取れない箇所がいくつもある。エリオットは技術関係にはまったく詳しくなかった。フィルビーが到着する直前、彼は部屋の窓を開け、そのせいで二人の会話の大半は、にぎやかなベイルートの街から聞こえてくる喧騒にかき消されている。冷戦史上で最も重要な会話の一つが、車のクラクションや、うなるエンジン音、アラブ人の話し声や、陶磁器の触れ合うカチャカチャという音とともに録音されているのだ。しかし、その後の展開を再現するのに十分な内容は聞き取れた」

ベン・マッキンタイアーはこう書いている。イギリス秘密情報部は戦後最大のスキャンダルを封印しようと、裏切り者をあえて寒い国に逃がしたことを示唆している。

キム・フィルビーはあまりにイギリス的だったために、イギリスではかくも長い間疑われなかった――とマッキンタイアーは書いた。だが、亡命先のソ連では、あまりにもイギリス的だったゆえに誰からも信用されなかった。キム・フィルビーは深い孤独のなか、亡命先のモスクワで数奇な生涯を終えている。

モスクワに死す

かつてイギリス秘密情報部に籍を置いたジョン・ル・カレは、ニコラス・エリオットの颯爽とした働きぶりにじかに接したことがあるという。だが、キム・フィルビーには会ったことがない。イギリス秘密情報部では、世代が微妙に異なっていたこともあって、親しく話をする機会がなかったらしい。

だが後年、寒い国の首都モスクワで、ふたりの軌跡が交わりかけたことがあった。臨時雇いのイギリス秘密情報部員がレニングラードの国際ブックフェアに送り込まれ、そこで魅力的なロシア女性と恋に落ち、その果てにリスボンに駆け落ちする——。『ロシア・ハウス』（ハヤカワ文庫ＮＶ）は、スリリングなスパイ・ストーリーにして、哀切な恋の物語でもある。ル・カレがこの作品の取材を兼ねて、モスクワを初めて訪れたときのことだった。

ゲンリック・ボロヴィックと名乗るロシア人作家が滞在先のホテルに訪ねてきた。

「私にはこちらに親しいイギリス人の友人がいるのですが——。彼はロンドンからモスクワにやってきた愛国者なのですが、あなたにとても会いたがっています。名前は——よくご存知でしょう、ハロルド・キム・フィルビーです」

ル・カレはすぐさま彼の求めを断っている。

「ボロヴィックさんと、おっしゃいましたか、この私に随分と思い切った話をお持ちになったものです。私はモスクワのイギリス大使のゲストとして大使公邸の晩餐に招かれることになっています。女王陛下の賓客になったすぐ翌日に、今度は女王陛下にとって、最も憎むべき裏切り者に会うわけにはいきません」

このとき、キム・フィルビーは病魔に侵されて、最期のときが近づきつつあった。イギリスの諜報史上、最も悪名高き二重スパイは、真実を書き留めたメモワールを出版したがっていた。モスクワに亡命後、KGBの厳しい検閲を経て「回想録」をソ連で出版してはいる。だが、ル・カレの力を借りてロンドンでぜひとも新たな自伝の出版をと願っていたのである。人生の終わりを予感して、祖国に何ごとかを伝えたいという衝動に駆られていたにちがいない。

畸人を父に持てば

料金受取人払郵便

銀座局承認

727

差出有効期間
平成29年3月
31日まで
※切手を貼らずに
お出しください

郵便はがき

104-8790

627

東京都中央区銀座3-13-10

マガジンハウス
書籍編集部
愛読者係 行

ご住所	〒		
フリガナ		性別	男・女
お名前		年齢	歳
ご職業	1. 会社員(職種) 2. 自営業(職種) 3. 公務員(職種) 4. 学生(中 高 高専 大学 専門) 5. 主婦 6. その他( )		
電話		Eメールアドレス	

この度はご購読ありがとうございます。今後の出版物の参考とさせていただきますので、裏面のアンケートにお答えください。**抽選で毎月10名様に図書カード(1000円分)をお送りします。**当選の発表は発送をもって代えさせていただきます。

ご記入いただいたご住所、お名前、Eメールアドレスなどは書籍企画の参考、企画用アンケートの依頼、および商品情報の案内の目的にのみ使用するものとします。また、本書へのご感想に関しては、広告などに文面を掲載させていただく場合がございます。

❶お買い求めいただいた本のタイトル。

❷本書をお読みになった感想、よかったところを教えてください。

❸本書をお買い求めいただいた理由は何ですか？

●書店で見つけて　●知り合いから聞いて　●インターネットで見て
●新聞、雑誌広告を見て（新聞、雑誌名＝　）
●その他（　）

❹こんな本があったら絶対買うという本はどんなものでしょう？

❹最近読んでよかった本のタイトルを教えてください。

ご協力ありがとうございました。

エスピオナージを専門とするジャーナリストのフィリップ・ナイトレーが、病床にキム・フィルビーを見舞っている。その折に率直に尋ねてみたという。

「あなたはル・カレのことをどう思っているのですか」

ル・カレの一連の作品は気に入っている、とキム・フィルビーは答えた。

「だがね、その作家は私には会いたがらないんだ。きっと、何かを知っているからだろう」

自分はいったい何を知っているというのか——。この話を聞いて、ル・カレは幾度も反芻してみたという。研ぎ澄まされた作家の直感は、ひとつの事柄に思い至った。それは、フィルビーとル・カレを結ぶただひとつの絆だった。ふたりはともに途方もない畸人を父親に持ってしまったのである。

ル・カレの父親は世界各地の刑務所を渡り歩いた詐欺師だった。一方、フィルビーの父、シンジャン・フィルビーは大英帝国が生んだ怪人だった。シンジャンは、当時イギリスの植民地だったセイロン、現在のスリランカで、イギリス人の零落したコーヒー園経営者の息子として生まれている。貧しい環境に育ったのだが、幼いころから才能溢れる少年で、奨学金を得てイギリスに送られ、名門のパブリック・スクール、ウェストミンスターからケンブリッジ大学に進んだ。在学中に植民地インド政府の高等文官試験に合格し、パンジャーブ州に高等行政官として赴任する。類い稀な語学力を持ち、ドイツ語、フランス語は言うに及ばず、パンジャーブ語、ウルドゥ語、ペルシャ語、アラビア語などの多言語を操るポリグロットだった。

第一次世界大戦はそんなシンジャンの人生に新たな転機をもたらした。戦争は科学を飛躍的に発展させる——。そんな言葉があるが、戦争はシンジャンをいっそうスケールの大きな畸人に変貌させた。

大戦の勃発を受け、大英帝国は、ドイツの同盟国だったオスマン・トルコ帝国を何としても倒さなければならなかった。そのため、アラビア半島一帯にいた沙漠の民《ベドウィン》に、百年の敵、オスマン・トルコに叛乱の狼煙をあげるよう唆《そそのか》した。いわゆる「アラブの叛乱」である。

「アラビアのロレンス」はこうした歴史の背景から誕生した。T・E・ロレンスとともにこの天下の計略を企てたのがシンジャン・フィルビーだった。シンジャンは、アラビア半島のリヤドから台頭したベドウィンの部族を率いるサウード家の当主、イブン・サウードを説いて、叛乱の一翼を担わせることに成功する。このとき結ばれた絆は、シンジャンとイブン・サウードを生涯にわたる友人とした。イブン・サウードは身長一メートル八八センチ、大きな鼻と厚い唇、太い眉と濃いあごひげ、鷹のような意思を持つ人物だった。

第一次世界大戦が終わり、オスマン・トルコ帝国は崩壊し、中東の政治地図は大きく塗り替えられた。だが、大英帝国の支配者は信義に薄かった。イギリスの為政者は、イブン・サウードのライバルだったハーシム家のシャリーフ・フサインを厚く遇し、イブン・サウードをアラブの盟主とすることに乗り気薄だった。

こうしたイギリス政府の対応に、自らはイギリス人でありながら、公然と異を唱えた男がいた。シンジャン・フィルビーだった。イブン・サウードこそアラブ民族の長にふさわしい――。こう主張して、祖国イギリスと鋭く対立した。アラビアのロレンスことT・E・ロレンスもイギリスの選択に強い違和感を覚えたのだが、シンジャンはロンドンの首脳陣を罵倒して憚らなかった。サウジアラビアの初代国王となるイブン・サウードは、そんなシンジャン・フィルビーに深い信頼を寄せ、大英帝国やヨーロッパ列強と渡り合う際の外交顧問に迎えたのだった。シンジャンもイスラム教に改宗し、イブン・サウードの薦めるサウジアラビア人女性をふたり目の妻としている。

ペルシャ湾沿いのアルハサで原油の大鉱脈が発見された。シンジャン・フィルビーはサウジアラビアの側に立って、アメリカのスタンダードオイル・オブ・カリフォルニア（SoCal《ソーカル》）との交渉を担った。かくしてSoCalはサウジアラビアから六〇年にわたる原油探査と掘削の独占権を得る。この契約によって、サウジアラビアは莫大な石油収入を安定的に得ることとなり、サウード王家の支配基盤は堅固なものとなった。サウジとアメリカとの経済関係はさらに深まり、ついに政治的同盟へと発展していく。大英帝国の影響力は衰え、替わって新興の超大国アメリカが中東に覇権を広げていった。その背後にいたのがシンジャン・フィルビーだった。

キム・フィルビーの父シンジャンは、アラビアの地で国王の信頼を勝ちえて絶大な権力をふるう、なんとも不愉快にして傲慢不遜な人物だった。大英帝国への怒りを公言して、年とともに反英主義者となっていった。

もうひとりの「少年キム」は、とてつもない怪物にして専制君主のもとで育てられたのだった。息子がまだ一二歳のときだったが、沙漠の遊牧の民、ベドウィンと行をともにするよう命じている。男子が立派な成人になるための通過儀礼だ、と父シンジャンは言い放った。

イギリスのパブリック・スクールに入学したのは、沙漠でのシンジャン流の教育が済んだ後だった。母親は規格外れの夫のもとを早々に去っていった。ル・カレの母親もまた詐欺師の夫に愛想を尽かし、彼が五歳のとき幼い息子たちを置いたまま姿をくらましている。ここでもフィルビーとル・カレは似た者同士だった。

そんな少年たちがイギリスの社会を斜に構えて見るようになっても不思議はない。彼らの心の底には異端児の形質が沈殿し、その一方で自己を韜晦《とうかい》し、そこはかとないウィットを交えた話術で大人たちを煙に巻く。そんな屈折した性格に磨きがかかっていった。フィルビーもル・カレも、クラスメートからは尊敬と嫉妬が入り混じった眼差しで見られていたのである。

キム・フィルビーは祖国を裏切って自らの大義に殉じる野望を内に秘めつつ、イギリス社会に素知らぬ顔で分け入っていった。鼻持ちならないイギリスの階級社会に憎しみを抱きつつ、外見上は支配階級のたしなみ、話し言葉を誰より巧みに身につけた叛逆児だった。そんな「少年キム」を己の支配下に置こうと考える者がいれば、愚か者と言うべきだとル・カレは語る。そんな大人には徹底して抗い、時に殺意すら抱いたはずだという。

ル・カレもまた、刑務所と娑婆を頻繁に往き来する父親を持ち、恐ろしいほどの専制権力のもとで育った少年だった。傲慢な専制君主を父に持ってしまえば、子供たちは憤怒のマグマを内にたぎらせる。そして言葉巧みに口説かれれば、現世への報復のために拳銃に手をかけることもためらうまい——。祖国にそむいたキム・フィルビーの心の奥底を深く理解していた者がいるとすれば、ジョン・ル・カレ、その人なのかもしれない。

第六章

銀座を愛したスパイ

リヒャルト・ゾルゲ、山本満喜子、ロベール・ギラン、石井花子

華やかなりし戦前の銀座

わが母は戦後、炭鉱経営者だった父に従って北海道に渡り、北国の炭鉱の街で過ごしたひとだった。それゆえ、ひとたび昭和一〇年代の銀座に話が及ぶと、過ぎ去った華やかなりし日々を想って、夢見るような眼差しになった。

「満洲事変が起きて世の中は騒然となったと思われがちだけれど、銀座はその後も浮き立つような華やかさに包まれていたわ。柳の並木通りを歩いていると、思わずステップを踏みたくなってしまう。そんな気分はあの街に暮らしていた者じゃなければわからないでしょうね」

ずっと銀座の街で過ごしていたい――。そう考えた若き日の母は、大好きだった松屋デパートに勤めてしまう奇策を思いついたという。古風な家の反対を押し切って銀座を職場に選ぶくらいだから、「モガ」と呼ばれたハイカラな女性だったのだろう。

母が浮き浮きとして銀座に通っていた昭和一一年（一九三六年）には二・二六事件が起きている。麻布三連隊の青年将校らが中心となり、時の岡田啓介総理をはじめ政府の重臣、軍の首脳らを次々に襲ったのである。翌一二年（一九三七年）には盧溝橋《ろこうきょう》事件が勃発して、この国はアジア太平洋戦争へとまっしぐらに突き進んでいった。

戦後の出版物は、この時期の日本を戦争への坂道を転がり落ちてゆく暗い時代として描いている。洒落たドレスを身につけて職場に通う母の姿と、書物に記された寂しげな銀座。果たしてどちらが実相に近かったのだろう。その落差をどうにも埋められないまま、脳裏に解けない疑問が棲みついてしまった。

二〇世紀が生んだ最高のスパイ、リヒャルト・ゾルゲは、昭和八年(一九三三年)から昭和一六年(一九四一年)の真珠湾攻撃の前夜まで東京で暮らし、夜な夜な銀座の街に現れてはスコッチのグラスを傾けていた。クレムリンのスパイでありながら、ドイツ大使館に出入りして極東情勢を読み解いていたゾルゲの眼に、果たして銀座はどのように映っていたのだろうか。

スパイ・ゾルゲの誕生

リヒャルト・ゾルゲは、一八九五年、石油掘削技師だったドイツ人を父に、ロシア人を母に、黒海の畔《ほとり》に広がる油田の街バクーで生まれた。ゾルゲの生地バクーは当時、帝政ロシアのカフカス州に属していたため、自分はロシア生まれのロシア人だと自己紹介することもあった。のちに一家はベルリンに移り、父は石油ビジネスでかなりの成功を収めている。

ゾルゲはやがてドイツの高等学校にあたるギムナジウムに進み、次いでベルリン大学の経済学部に入学する。だが、第一次世界大戦が勃発してドイツ陸軍に徴兵されてしまう。そして西部戦線から東部戦線へと転戦し、三度負傷している。これらの戦功によって鉄十字勲章を授けられた。帝政ドイツのために最前線で勇敢に戦って負傷した経歴は、のちに東京に赴任した際、ドイツ大使館の人々から篤い信頼を勝ちえる財産となった。ナチス・ドイツの外交官、駐在武官、党員たちの多くも先の大戦で戦った同志だったからだ。

ゾルゲは除隊後、キール大学に移り、ハンブルク大学から経済学の博士号を得ている。青年ゾルゲは学生時代からマルクス主義に深く傾倒し、ドイツ共産党に入った。共産党シンパを組織するオルグとしてドイツ西部のアーヘン炭鉱に派遣され、実践面でも精力的に活動するようになっていた。一九二四年には、社会主義革命の母国たるソ連邦の首都モスクワを訪れ、翌二五年にはソ連邦の市民権を得て、ソ連共産党にも入党を果たしている。

モスクワに本部を置き、各国の共産主義運動を指揮していたコミンテルンは、共産主義革命に生涯を捧げるゾルゲの覚悟やその経歴、さらに外国語の能力を高く評価した。コミンテルンはゾルゲを諜報要員として本格的に育てるため、基礎からみっちりと訓練を施している。ゾルゲも彼らの期待によく応え、まず手始めにスカンジナビア、続いてイギリスに送られ、コミンテルンのスパイとして逞しく成長していった。

一九二九年には、ソ連赤軍の参謀本部情報総局第四部を率いるベルジン大将の眼に留まって赤軍の諜報員となった。翌三〇年には国際都市、上海に派遣された。ここでゾルゲは生涯にわたって彼の諜報の主戦場となるアジアと遭遇することになる。東アジアの地こそスパイ・ゾルゲの約束の地となった。

ゾルゲが上海に到着した翌三一年には、関東軍が奉天郊外で満鉄線を爆破する満洲事変を企て、激動の時代の幕が切って落とされた。中国本土では、蔣介石率いる国民党軍が中国共産党軍への包囲作戦を本格化させ、国共内戦が激しくなっていた。辛亥革命後の新生中国の動向は、国際政局の行方にも甚大な影響を与えずにはおかない。リヒャルト・ゾルゲは、フランスそして日本、イギリス、アメリカの列強が租界を設ける上海に、国際諜報団の拠点を築こうとしたのであった。

リヒャルト・ゾルゲは、ここ上海の地で、のちにゾルゲ諜報団の中核を担う朝日新聞の上海特派員、尾崎秀実《ほつみ》と知り合っている。アメリカ人ジャーナリスト、アグネス・スメドレーに紹介された中国問題の専門家だった。スメドレーは、上海を情報収集の拠点に、多くの謎に包まれていた中国共産党の動向を追っていた。彼女はいかつい容貌の女性だったが、ゾルゲは一向に気にしなかったらしい。上海のアパートで一時は同棲に近い暮らしをしながら、一九三一年に瑞金《ずいきん》に成立した中華ソビエト政権について、スメドレーの知見をむさぼるように吸収していった。

不思議の国ニッポン

リヒャルト・ゾルゲは一九三二年には上海からモスクワに帰任を命じられる。赤軍情報総局は翌年、満足な休暇も与えることなく、ゾルゲを東京に赴かせる。国民党の特務機関や中国共産党の幹部、さらには欧米列強の情報要員が日夜暗躍する魔都、上海で鍛え抜かれたゾルゲに、今度は不思議の国ニッポンを委ねたのだった。ゾルゲはヨーロッパから大西洋を船で渡りニューヨークに到着する。ここから大陸横断鉄道で西海岸のシアトル港に到り、太平洋航路の客船で横浜港に上陸した。一九三三年九月六日のことだった。

東京でのリヒャルト・ゾルゲの暮らしぶりは、クレムリンの諜報員らしからぬ奔放なものだった。朝は遅くまでベッドにいて、陽が高くなる頃にようやく起き出して事務所に姿を見せる。そして夕方になるのを待って帝国ホテルのバーを覗くのが彼の日常だった。

バーカウンターで知り合いの記者を見つけては、スコッチをなみなみと注いで一気にグラスをあおり、アジア情勢をひとしきり話し合う。そして銀座の街に夜の帳が下りると、ネオンできらめく銀座通りに繰り出していくのである。この洒落者はいつも仕立てのいい背広をきりりと着こなしていた。

「あら、ゾルゲならよく知っているわ。夏はパナマ帽に麻の背広を着た、なかなかの洒落者だったわ」

やはりそうだったのか——。彼女なら直にゾルゲと会っていたはずと睨んでいたのだが、眼前の麗人はこともなげにそう言ってのけた。

この美しいひととの縁を図らずもとりもってくれたのは、のちに韓国の大統領となる金大中だった。一九七三年八月、金大中は東京のホテルグランドパレスに滞在中、KCIA・韓国中央情報部に拉致されてしまう。いわゆる金大中事件である。アメリカCIAの懸命の説得が功を奏し、一命をとりとめた。その後、ソウル市内の自宅に軟禁された。体調が思わしくない氏を見舞うため、東京での主治医だった慶應義塾大学医学部の後藤雄一郎教授を密かに金大中のソウルの自宅にお連れしたことがあった。公安当局の厳しい監視のもとで軟禁されている金大中邸を主治医がひとりで訪れるのはかなりの危険があったからだ。

このとき自民党の赤城宗徳、宇都宮徳馬、河野洋平といったアジア・アフリカ問題研究会の面々から密書を託された。上着の内側に密書を縫い込んで、自宅軟禁を解くための日米の連携を知らせるメッセージを秘かに届けたのだった。

東京、ソウル、香港を経て、主治医をエスコートし、無事に帰還した筆者に宇都宮徳馬代議士がこうねぎらってくれた。

「今回のことで君に礼をしたいのだが、何か望みはあるかい」

宇都宮代議士はキューバのカストロ政権を支援するため、若者を募って「サトウキビ隊」を組織していた麗人と親しくしていた。そこで思い切って、そのひとに会ってみたいと頼んでみた。かくして晩餐がアレンジされ、二〇代前半の若者と六〇歳になろうかというレディの会食が実現した。その晩の彼女は、周囲の人々が振り向くほどにあでやかだった。当時、彼女はメキシコの保養地アカプルコに住んでいたのだが、付き合っているという闘牛士の写真を紫のバッグから取り出して見せてくれた。

伯爵家の令嬢

息をのむほど大きな瞳の女性こそ、旧伯爵家の令嬢、山本満喜子《まきこ》だった。日露戦争に備えて帝国海軍の軍備を刷新し、ロシアのバルチック艦隊を迎え撃つ連合艦隊の首脳を入れ替える人事を断行した海軍大臣、山本権兵衛。その最愛の孫娘が満喜子だった。薩摩隼人の祖父は、のちに内閣総理大臣を二度務めるのだが、東京・高輪の山本邸に帰ってくるや「満喜子、満喜子はおるか」とこの孫娘を慈しんだ。ドイツ皇帝ヴィルヘルム二世を彷彿させる風貌の権兵衛は、薩摩っぽの気性がこの孫娘に引き継がれていると信じていたらしい。

満喜子が女子学習院の初等科四年のときだった。大正天皇の妃、貞明《ていめい》皇后がお出ましになり、図画の教室をご覧になった。

「決して皇后さまのご尊顔を仰いではなりません。不敬にあたります」

女子学習院の先生から事前に厳しい注意があった。さすがのお転婆娘も必死にうつむいていたのだが、突然お声がかかった。

「山本さん、お手は冷たくないの」

紫色のビロードの裾が見え、ほのかにかぐわしい香りがした。伯爵家の令嬢はどうにもご尊顔を拝したくてたまらなくなった。大きな瞳を見開いて、やんごとなきひとの顔《かんばせ》をじかに見上げてしまった。

かくして五日間の停学処分という大目玉を食らってしまう。紫のドレスをお召しになった貞明皇后があまりに美しく、以後、紫色は満喜子カラーとなったと明かしてくれた。中等部に進んでも、そして立派な淑女の年ごろになっても、華族の令嬢という枠に収まりきれないひとだった。ひとり権兵衛だけが、黒髪をなびかせる奔放な少女の理解者だった。

「満喜子が男だったら天下を窺ったにちがいもうさん」

この薩摩隼人は満喜子を膝に乗せてこう言い、しきりに残念がった。

伯爵家の令嬢は、祖父が亡くなる直前の一九三三年に婿を迎えて結婚するのだが、ほどなく結婚生活は破綻してしまう。権兵衛は幼子の満喜子を抱いて愛情を惜しみなく注いでくれた。そんな祖父をしのぐ男性など、彼女にはいようはずもなかった。結婚し、長男をもうけても、満喜子にとって男子といえば権兵衛だった。彼女は、嫁ぎ、離婚を経ても、生涯、山本伯爵家の令嬢であり続けた。のちに帝国海軍の軍令部に勤め、ドイツ大使館で催されるパーティには薄紫のドレスをまとってひとり出かけていった。

薄紫のサマードレス

こうしたパーティの席で、顔に深い傷を負い、眼光が炯々《けいけい》と鋭い外国人男性をしばしば見かけるようになる。リヒャルト・ゾルゲだった。聞けば、このドイツの新聞記者は大型のオートバイを運転していて、アメリカ大使館近くで転倒事故を起こしたのだという。満喜子はそんなゾルゲの前でも決して物怖じしなかった。

三宅坂のドイツ大使館で開かれたパーティからの帰り道、ゾルゲは薄紫のサマードレスを身につけた満喜子に声をかけてきた。ギラギラした、絡みつくような視線だったという。

「ゾルゲという男は、ひと目見たときから、それはもうぞくぞくするほど素敵で男の色気に溢れていたわ。どこかジゴロを思わせるような、危険な匂いがしたわ。大きなオートバイの後ろに乗せてもらって、銀座通りを猛スピードで駆け抜けたものよ。逮捕された後にはさまざまに言われているけれど、闇に潜んでひっそり活動するスパイ・ゾルゲなんて全く想像できない。まるで違ったタイプのひとだったわ」

かつて山本満喜子が筆者に明かしてくれたゾルゲの面影。それは戦前の華やかなりし銀座を舞台に、颯爽と現れては、何処かに姿を消すドイツ人特派員のそれだった。

「知り合った女性とたちまち一夜をともにする、彼はそんな男。特高警察の厳しい監視のもとで、胃をきりきりとさいなまれながら、諜報活動に身を捧げていた――なんて、戦後になって書かれた話よ。リヒャルトほど享楽的で、刹那的な男はいなかったわ」

伯爵家の美しい令嬢にすぐに言い寄るような男だったという。

「君とならば、すべてをなげうって一生をこの東京で送ってもいい」

激動の現代史をまっしぐらに駆け抜けた諜報員のなかには「もうひとりのゾルゲ」が同居していたのである。

「私が大好きな紫の色は、終戦直後、焼け跡の銀座通りを颯爽と闊歩していた美しいひとのドレス地から啓示を受けたものなの」

美輪明宏は、戦後間もない銀座で出遭った憧れの麗人を誇らしげに回想している。

絹ずくめの日々

第二次世界大戦の足音が忍び寄っていた時代、ヨーロッパから遥かに離れた極東の都、東京で暮らすリヒャルト・ゾルゲにはひとりの観察者がいた。フランスの通信社アヴァスの東京特派員、ロベール・ギランだった。

ゾルゲとギランは、アヴァス通信の取材・リサーチを担当していたクロアチア生まれのジャーナリスト、ブランコ・ド・ヴケリッチを介して不思議な縁《えにし》で結ばれていた。

ヴケリッチは、ジャーナリストとして英米の大使館や親英米派の外交官から一級のニュースを引き出す一方で、ゾルゲ諜報団の主要メンバーとして日本政治の中枢から漏れてくる貴重な機密情報にもあずかっていた。ギランは、ふたつの顔を隠し持つヴケリッチという触角をゾルゲと図らずも共有していたのである。

日本に到着したばかりのギランをヴケリッチが御用邸に近い葉山の海岸に伴ったときの様子が『ゾルゲの時代』（ロベール・ギラン著・三保元訳・中央公論社刊）に書かれている。

「真っ青な海を見ながら、日光浴をしていると、少し遠くを歩いている三人の外人が目に入った。婦人が一人に、男性が二人、コートも帽子もなしで散歩しているようすである。『ドイツ大使館付きの武官オット将軍ですよ』と、ヴケリッチがいった。『それからオット夫人。もうひとりは記者でね、きっとどこかの記者会見で会う機会がありますよ。名前はリヒャルト・ゾルゲ。フランクフルター・ツァイトゥングの特派員で、東京にいる外人記者のなかでは腕ききだというもっぱらの評判です』」

葉山の海岸を武官の夫と連れ立って歩いているヘルマ夫人は、やがてゾルゲとも関係を持つようになる。クレムリンのスパイは、ナチス・ドイツの駐在武官、やがて全権駐箚大使となるオイゲン・オットにとって、アジア情勢を分析して本国に打電するための指南役となった。それゆえドイツ大使館の機密情報に自由にアクセスでき、ヘルマ夫人の寝室にも自在に出入りしていたのだった。

ロベール・ギランは、中国やインドシナで豊富な取材経験を持つアジア通の記者としてつとに知られる存在だった。第二次世界大戦の勃発前から終戦まで東京で過ごし、極東情勢を世界に報じる数奇な役割を担っている。

ギランとゾルゲは、ヴケリッチという貴重な情報源を共有していただけではない。気鋭のフランス人ジャーナリストもまた、竹久夢二の絵に描かれたような、たおやかなニッポンの女たちに囲まれ、優美な時を過ごしていた。ふたりは不思議の国ニッポンで密やかな暮らしに触れていたのである。

日中戦争を中国大陸の前線で取材してきたギランにとって、日本の印象は、流血と残虐に覆われた暗いものだった。それだけにこの国が持つもうひとつの柔和な貌は、鮮やかな印象を残して生涯消えなかったという。

「絹ずくめのなかで、立ち居ふるまいも折り目正しく、うそのようにこまやかな世話の限りをつくしてくれる丁重なもてなしにあうとき、この身は二百年むかしに運ばれて、春信か歌麿の浮世絵の意匠のうちに置かれていた。わかるひとにはわかるだろうが、そこでは、ガイジンと女性の逢瀬においても、警察の介入からは完全に自由な状態に戻れたのである」

ギランは『アジア特電』(矢島翠訳・平凡社刊)に流れるような文章でこう綴っている。特高警察と検閲当局の苛烈な監視下にあって、神経をさいなまれる日々——。その一方で、東京の下町で心優しい女たちに助けられて粋な暮らしを味わっていたことがわかる。

アグネスと呼ばれた女

石井花子はいま多磨霊園で傍らのゾルゲを抱くように眠っている。彼女もまたゾルゲを取り巻いた女性のひとりだった。稀代の諜報員は東京に赴任するとすぐさまこの街の暮らしに溶け込んでいった。ドイツ大使館の駐在武官室に顔を出すと、ベルリンから打電されてきた機密の公電綴りに目を通し、人目を盗んでライカの写真機に写し取る。ひと仕事を済ませると、真夏なら白い麻の背広に着替えて、銀座の並木通りに出かけていくのだった。

お気に入りは、ドイツ料理も出す欧州風の酒場「ラインゴールド」だった。

ゾルゲは四〇歳の誕生日にここで花子と初めて言葉を交わした。シャンペンで乾杯し異国でのバースデーを祝ってもらったという。石井花子は『人間ゾルゲ』（角川文庫）にこう記している。

「客は首をかしげてわたしをじっと見て、『あなた、アグネスですか？』『ハイ、そうです』『わたし、ゾルゲです』。彼は手を差しのべた。わたしは彼の大きな手を握りながら、強い顔に似あわぬやさしい温かい彼の音声にちょっとおどろいた」

ゾルゲは酸味の強いドイツ・ビールと黴臭いザワークラウトがお気に入りで、毎晩のように「ラインゴールド」に姿を見せたという。当時のマッチ箱には「銀座西五－五－八」と記されている。いまのカルティエ銀座ビルと資生堂に挟まれた路地のあたりにあったのだろう。

ゾルゲは鳥居坂に質素な日本家屋を借りて暮らしていた。石井花子はこのゾルゲの住まいを週に二度のペースで訪れて泊まっていった。特高警察はゾルゲを監視のもとに置いていた。彼がクレムリンのスパイだと疑っていたわけではない。日本にいるすべての外国人は警察の監視対象であった。ゾルゲが日本にとって最重要の同盟国ドイツの新聞記者であり、オット大使が最も信頼する情勢分析のプロフェッショナルであることも特高警察は承知していた。だからといってゾルゲへの監視の目を緩めてはいなかった。

ノモンハン事件

一国の指導者が国家の命運をかけて下す決断の成否は、膨大な情報から選り抜かれたインテリジェンスの質に拠っている。一九三九年五月は、欧米列強が、そして日本が和戦の岐路に立たされていた運命の年、危機の月だった。日本陸軍の最精鋭と謳われた関東軍は、モンゴル草原でモンゴル・ソ連赤軍の部隊と衝突した。当初は国境の小競り合いにみえた「ノモンハンの戦い」こそ、第二次世界大戦の知られざる起点となった。それゆえ、政略、戦略、戦術の各分野にわたって、インテリジェンスの戦いが展開され、日ソ両国の力が問われることになった。

モスクワの赤い諜者、リヒャルト・ゾルゲは、社会主義の祖国の運命を決する「ノモンハンの戦い」を東京の地から見守っていた。日本の陸軍参謀本部は、モンゴル草原を舞台にした日ソ両軍の衝突をどう捉えているのか。満洲国に展開する関東軍を果たして統御できているのか。そして日本の政治指導部と陸軍の統帥部は、対ソ全面戦争に打って出る覚悟を固めているのか。ゾルゲの肩にはずしりと重い責務がのしかかっていた。日ソ両軍の激突の行方を、持てる情報網のすべてを総動員して追い続けた。それはゾルゲにとってふたつの祖国、ソ連とドイツの運命をも左右する草原の戦いであった。

じつはノモンハン事件に先立って、ひとつの亡命事件が起きていた。ソ連赤軍のゲンリヒ・リシュコフ陸軍大将が満洲国との国境を越えて日本政府に保護を求めたのである。一九三八年六月の変事だった。スターリンの赤軍首脳への粛清の嵐が吹き荒れ、いずれわが身にも及ぶと恐れて、リシュコフ将軍はついに日本への亡命を決意した。

外からは窺い知れないソ連赤軍の内部でいかなる事態が進行しているのか。ナチス・ドイツ軍の情報機関が東京に急きょ尋問官を送ったことでも、リシュコフ亡命事件がどれほどの衝撃を関係国に与えたかが窺われよう。ゾルゲはリシュコフの供述内容をドイツの駐在武官から聞き出し、研究用に使いたいと偽って極秘の調書を写真機で写し、フィルムをモスクワに急送している。そこにはソ満国境に展開する赤軍の弱点や補給体制の問題点、さらに兵士の士気の衰えなどが赤裸々に綴られていた。

日本陸軍の首脳陣は「リシュコフ情報」を詳細に分析し、いまやソ連赤軍はスターリンの大規模な粛清によって指揮命令系統が混乱し、一線部隊の士気も阻喪しているという判断に傾いていった。リシュコフ大将が携えてきた情報が、日本陸軍の首脳陣に「極東の赤軍、恐れるに足らず」と思い込ませてしまった。そして翌年春に起きた国境の衝突で関東軍の情勢判断を誤らせることになった。

同じ三八年の七月下旬、ソ連邦、朝鮮、満洲の国境が接する戦略上の要衝、ハサン湖周辺でソ連赤軍と関東軍が衝突する。張鼓峰《ちょうこほう》事件である。日本とドイツにとっては、粛清に見舞われたソ連赤軍の現況を窺う好機だった。だが意外なことに、現地の戦況はリシュコフ情報を裏切るものとなった。関東軍は装備に勝るソ連赤軍の機甲部隊に圧倒され、かなりの打撃を被ったのだった。ゾルゲは、東京のドイツ大使館の武官室などから入手した情報をもとに日本側の被害をこと細かにモスクワに報告している。

第二次世界大戦の知られざる発端

モンゴル軍の小部隊が密かにハルハ河を渡って満洲領に侵攻しつつある――。関東軍の司令部が前線からの急報に接したのは翌一九三九年の五月だった。だが、出先の師団司令部は、そのころ国境地帯で頻発していた小競り合いのひとつにすぎないと判断し、わずか二〇〇〇の兵を出動させただけでモンゴル軍を撃破しようとした。ところが、関東軍が得ていた前線の情報には重大な瑕疵《かし》があった。リシュコフ情報による「赤軍弱し」という思い込みも災いした。

モンゴル軍の背後には、ジューコフ将軍に率いられた赤軍の機甲師団が迫っていたのだ。ヴォロシーロフ国防人民委員は、国境付近で最初の戦闘が起きた直後に司令官を更迭し、代わって猛将ジューコフを投入した。戦車部隊の運用に優れ、兵站の補給にも通じていたジューコフ将軍に指揮を委ねたのである。一方、関東軍の辻政信ら主戦派参謀たちは、前線部隊の壊滅に衝撃を受けながら、機甲部隊を逐次投入する誤りを重ねてしまった。その果てにスターリンが送り込んだ最精鋭の機甲師団に次々に撃破され、おびただしい犠牲者を出している。日本側は前線の戦闘以前に、作戦を策定する拠り所となる情報《インテリジェンス》の戦いで後れをとっていた。

日本を動かしていた陸軍の幕僚たちは、戦術情報に蒙《くら》かっただけではない。ここでの衝突が独ソのポーランド侵攻と水面下で連動していたことに気づかなかった。スターリンがヒトラーのドイツと秘かに折衝しながら、日本の出方を窺っていたとは思ってもみなかったのだろう。

「ノモンハンの戦い」をライフワークとする歴史家スチュアート・D・ゴールドマンは、欧州と極東のふたつの戦域を高い視座から俯瞰しつつ、第二次世界大戦の知られざる起点を浮かび上がらせている。

「ジグソーパズルでこれまで見落とされていた、あるいは不適切な場所に置かれていた重要なピースをしかるべき場所にはめ込んでみた」

『ノモンハン1939〜第二次世界大戦の知られざる始点〜』（みすず書房刊）の著者、ゴールドマンは、自身の試みをジグソーパズルに譬えて、「ノモンハンの戦い」こそ、見落とされていたピースだったと喝破している。インテリジェンスとは、膨大な数のピースを気の遠くなるような忍耐力によってあるべき場所に配し、錯綜した事態から本質をあぶりだす業である。当時の日本の統帥部にはこうしたインテリジェンス感覚がすっぽりと欠けていた。翻ってクレムリンは情報の五感を研ぎ澄まし、「二〇世紀最高のスパイ」と言われたリヒャルト・ゾルゲを東京に潜ませ、極東情勢を分析していた。ゾルゲは諜報団の切り札、ヴケリッチをアヴァス通信の観戦記者として「ノモンハンの戦い」の前線に送り込み、日ソ戦のこちら側から戦闘の様子を探らせた。そしてヴケリッチの観察をもとに赤軍第四部に諜報レポートを届けている。クレムリンは、リシュコフ調書やノモンハンに関するゾルゲ報告を次々に受け取り、関東軍への備えを固めていった。砲火を交えない情報戦で、彼我の優劣はすでに決していたのである。

悪魔の盟約

一九三九年八月一三日の東京は蒸し暑く、息苦しかった。ギランは茅ケ崎海岸に借りていた夏の家で海水浴を楽しみ、夕方、西銀座の電通ビルにあったアヴァス通信のオフィスに立ち寄ってみた。いつもの習慣で、アヴァス通信からその日フランスに向けて打電された電報の綴りに目を通して驚愕した、と『ゾルゲの時代』に書いている。

「あった、本当だとすればまったく信じ難い衝撃的なニュースがあったのだ。黄色っぽい用紙にタイプされたあの電文は、長い年月を経た今でもはっきり脳裏に焼き付いている」

ヴケリッチが打電した電文は次のようなものだった。

「東京の信頼すべき筋によれば、ベルリン、モスクワで、ヒトラー、スターリン間の不可侵条約締結に向けての独ソ交渉が行われているという」

信頼すべき情報筋とはゾルゲだった。この電文には「社内限りの参考情報」という但し書きが付けられていた。だが、パリの編集局は直ちに緊急ニュースとして配信することを決めた。ニュースの反響はすさまじかった。独ソ両国はしばらく沈黙を守っていたが、八月二一日になってベルリンから独ソ不可侵条約を正式に締結した旨が公表された。国際社会に甚大なショックを与えたのだった。

この頃、日本軍の精鋭と謳われた関東軍がノモンハンでソ連赤軍に手痛い敗北を喫しつつあった。日本の最高指導部では「北進すべきか」、それとも「南進すべきか」で意見が割れていた。

まさしく、そのさなかに、ヒトラーとスターリンは独ソ不可侵条約を締結した。平沼麒《き》一郎《いちろう》首相は「欧州情勢は複雑怪奇なり」と内閣を投げ出している。この「悪魔の盟約」によって、スターリンは、ドイツとの戦争から一時距離を置くことができ、同時に日本の対ソ戦をも封じたのだった。ヒトラーとスターリンは、独ソ関係を平穏なものにして、ポーランドを分割し、第二次世界大戦の火ぶたを自ら切って落としたのだった。日本は戦略情報でも完敗を喫していたのである。

御前会議

一九四〇年に入って近衛内閣はついに日独伊三国軍事同盟を締結してしまう。松岡洋右外相はこれを受けてモスクワに飛び、スターリンとの間に日ソ中立条約を電撃的に結んだ。

モスクワに松岡外相を迎えたスターリンは、頬ずりをして和製のマキャベリを歓待し、異例なことにモスクワ駅まで見送っている。松岡外相は、ドイツ、イタリアにソ連を加えて四カ国同盟を構想し、アメリカの参戦を阻止しようと目論んでいた。

だがこのとき、ベルリンとモスクワの緊張は徐々に高まり、日本が夢想した四カ国同盟の望みは打ち砕かれようとしていた。ゾルゲは、日本を経由してバンコクに赴任するドイツ国防軍のショール駐在武官から「六月の二〇日ごろにドイツ軍はソ連に攻撃を加える」という重要情報を入手していた。ショール大佐とは、彼が東京の武官室に在勤していた時から親しくしていた。ゾルゲはこの機密情報を東京発緊急電としてモスクワに打電する。しかし、スターリンはゾルゲ情報に耳を貸そうとしなかった。独ソの開戦はゾルゲ電が予告した日付からわずか二日後に始まったのである。

ナチス・ドイツは、ベルリンの大島浩大使を通じて、日本側にソ連を攻撃するよう執拗に促してきた。北進か、南進か――。日本の針路を決める御前会議は七月二日、宮中で開かれた。だが、いかなる決定がなされたのか、一切の公式発表は行われなかった。ゾルゲの最後の大仕事が迫っていた。

ロベール・ギランは御前会議が開かれた日の午後四時、ヴケリッチを介して極秘情報を入手していた。それによれば、㈠日独伊三国軍事同盟は、ソ連に対しては発動されない。

㈡日ソ中立条約は完全に有効である。㈢ナチス・ドイツがモスクワを占領した場合は、日本が参戦する余地がある。㈣日本の陸海軍は南進し、サイゴン攻略に向かう、というものだった。

ヴケリッチの情報源はゾルゲだった。厳格を極めた言論統制が敷かれているさなか、ゾルゲ情報は、その入手の迅速さといい、内容の正確さといい、まさしく驚嘆すべきものであった。逮捕された後にゾルゲは、取調官にその間の経緯を供述している。「日本政府は南進政策を強行するが、機会があり次第、ソ連邦に宣戦すべく準備中である」という情報は、オット大使とクレッチマー陸軍駐在武官から入手したものだったと明かした。日本に対ソ宣戦布告を迫っていた同盟国ドイツに配慮して曖昧な表現になっている。ゾルゲは同時に、尾崎秀実からも御前会議の内容を聞かされていた。それによれば、日本は南進政策を強行し、仏印に進駐して諸基地を獲得する。同時に、ソ連邦に対しては日ソ中立条約を守るが、起こりうべき対ソ戦の可能性に対しては準備を整えることとし、大動員を行うというものだった。ゾルゲが御前会議の決定から読み取った内容は、その後の日本政府の行動をぴたりと言い当てて誤らなかったのである。

日本政府は、日ソ中立条約を守って北進せず、仏印に進駐して南進する――ゾルゲは赤い諜報員として、生涯最も重要な任務を完遂したのだった。

危機の日々

日本を取り巻く情勢が厳しさを増すにつれて、日本の警察当局もゾルゲの身辺を常時監視するようになっていった。彼らはゾルゲと石井花子の関係も知り抜いていた。それゆえゾルゲの側も寝室の花柄のカーテンを開け放しておいた。敢えてすべてを当局に見せてしまおうとした節が窺える。日米交渉が遅々として進まず、アメリカとの戦争の足音が次第に高まってくると、ゾルゲは日本脱出を秘かに準備し始めていた。その前にまず女性たちとの関係を清算して、日本を後にしようと布石を打っている。

ヴケリッチがデンマーク人の妻エデットと離婚して、淑子と再婚した際、ゾルゲはエデットの世話を親身に焼いている。まずエデットの住まいを無線送信所に使い、モスクワから生活費が支給されるように手配した。彼女がヴケリッチと別れて孤独に苛まれ、ゾルゲ諜報団の機密を思わず漏らしてしまう恐れもあると心配した。そのため、時折エデットを訪ねて暮らしぶりを窺っている。そして一夜をともにすることまでしていた。検挙の危険を身近に感じると、まずエデットにかなりの資金を与えて、無線送信所を閉鎖した。そして彼女をオーストラリアに向けて、からくも出国させている。まさしく危機一髪だった。

時を同じくして、長年付き合ってきた石井花子にも当時としては破格の五〇〇〇円という大金を与えて別れている。この別れ話には特高警察がふたりの間に入った。新しい愛人ができたので再出発したい——こんな花子の意向を容れて、特高の説得で手切れ金を渡したことになっている。特高警察にすべてをさらけ出し、別れ話にも関与させる。これもゾルゲ一流の偽装工作だったのだろう。花子との離別にもスパイ・ゾルゲのしたたかな策略が垣間見える。

ゾルゲ、最後の戦い

日本の最上層部から超一級のインテリジェンスを掴みとり、極秘電を赤軍情報総局第四本部へ送り続けた、孤高にして高潔なスパイ——。こんなゾルゲ像は、どうして生まれたのだろう。逮捕された後で検察当局に語ったゾルゲの「供述調書」がすべてだった。そこには触れなば鮮血が迸《ほとばし》り出るような苦難の日々が記されている。たおやかな日本の女性たちに囲まれて過ごす、めくるめくような日々——。そんな、ゾルゲのもうひとつの顔は片鱗すら見せていない。

「女性はスパイ活動には適さないので、あまり利用しなかった。とくに日本の女性は、政治、経済、社会に関する教養が少なく、夫の職業についても関心がないので、政治家の夫人でも夫の仕事を知らないから、情報源として殆ど利用価値がない」

ゾルゲの取り調べにあたった特高警察外事課の大橋秀雄警部補はゾルゲの証言をこう書き留めている。この著書の題名は文字通り『ゾルゲとの約束を果たす』（オリジン出版センター刊）。大橋警部補への供述には協力する。その代わり、ゾルゲが関係を持った女性たちは一切訴追しない――。暗黙のうちにこんな約束が取り交わされていたのだろう。

死刑判決を受けて絞首刑が執行される直前に、ゾルゲは大橋警部補に自筆の手紙を残している。

「私の事件の取調において彼が最も同情があり、かつ、最も親切であったことを記念し、私は取調の指揮者としての彼に深い感謝を述べたいとおもいます」

被告ゾルゲの取り調べにあたった特高の刑事との間に芽生えた友情のようなものがほの見える文面だ。一九四四年一一月七日、巣鴨の東京拘置所でゾルゲの処刑は執り行われた。その日はソ連の十月社会主義革命の記念日だった。帝政ロシアが倒された祝日に、赤い諜者は刑場の露と消えていった。

ゾルゲは自らの死期が迫っていることを知り、付き合ってきた女性たちを救うため、渾身の知恵を絞った。ゾルゲと交際があった女たちを捜査対象としない。大橋警部補とゾルゲの間に、阿吽《あうん》の合意が成立したのだった。重要な供述と引き換えに一種の司法取引が行われた節が窺えよう。

その結果、捜査・検察当局は、伯爵家の令嬢はもとより、鳥居坂で逢瀬を重ねていた石井花子にすら訴追の網をかけようとはしなかった。そしてゾルゲは極刑の足音に慄《おのの》きながらも、心を通わせた日本の女性たちを最後まで守り通した。それはニッポンの女たちを愛した、ゾルゲ最後の戦いだった。

第七章 サイバースペースの叛逆者

ジュリアン・アサンジ、エドワード・スノーデン

のっぽの老婆

古びた赤い車は、イングランド東部、ノーフォークの田舎道を喘ぎながら走ってきた。鳩小屋の前を通り過ぎ、ジョージ王朝様式の邸、「エリンガム・ホール」の玄関先でゆっくりと停まった。あたり一帯は夜の闇に支配され、犬の鳴き声ひとつ聞こえない。

赤い車のドアがゆっくりと開き、年老いた女があたりを窺うように降り立った。続いてふたりの若い女性が老婆に付き添うように歩き出した。銀髪で隠れて老婆の顔はよく見えないが、背は一八〇センチをゆうに超している。かなりの大柄だ。やや猫背気味に歩いているが、背中に小さな瘤があるのかもしれない。

この夜、エリンガム・ホールに現れた老婆こそ、ジュリアン・アサンジだった。銀髪のかつらで女装した人物はこのとき三九歳。邸でアサンジの助手を務めていたスタッフがこの夜の変装劇を目の当たりにし、のちにイギリスのメディアにその模様を詳しく語ったのである。

ジュリアン・アサンジは、二一世紀のサイバー空間に彗星のように登場した叛逆児だった。彼は難攻不落の城をインターネットの世界に築きあげた。それは破られることのない堅牢な内部告発システムだった。権力を握る者たちは機密を独り占めにし、不都合な真実を庶民から覆い隠そうとしている。そんな国家権力、独裁者、超富豪たちの仮面を剝ぎとってやる――アサンジはこう決意して「ウィキリークス」を立ち上げた。告発者は密かにここにアクセスし、機密のデータを送ればいい。情報を提供した者の足跡は一切残らない。かつて天才ハッカーと謳われた男が創り出した告発サイトは、その完璧な匿名性のゆえに、歴史を塗り替える起爆力を秘めていた。

銀河系に散らばるおびただしい小惑星のように、ウィキリークスもまた、誕生してしばらくの間はさして人目を惹かなかった。だが、イラクで起きた惨劇を捉えた映像がすべてを変えた。

二〇〇七年七月一二日、イラクに駐留していたアメリカ陸軍の武装ヘリコプターＡＨ－64「アパッチ」が、ロイター通信のスタッフ二名を含む一二人の民間人を空から狙い撃ちして殺傷した。その衝撃的な瞬間が映っていた。

「アパッチ」のパイロットは逃げ惑う男たちに上空から狙いをつけ、三〇ミリ機関砲の発射ボタンを押した。ヘリコプターから伝送されてくる映像をモニターしていた司令室は、

「小さな子たちが負傷したようだ」と無線でヘリコプターのパイロットに伝えた。

「子供たちを戦闘に巻き込んだのは奴らだからな」

「アパッチ」のパイロットはうそぶく。

そのやり取りが映像に残されていた。

負傷した男たちはワゴン車に積み込まれたのだが、そこには子供たちの姿も映っていたのである。

二〇一〇年四月、ウィキリークスが映像の提供を受けて公開すると、その衝撃波は世界を揺るがした。これをきっかけに、あらゆる機密情報が強力な磁力を秘めたこの小惑星に吸い寄せられるようになる。ウィキリークスは巨大な星に変貌していった。

次いで三カ月後、ウィキリークスは、アフガン戦争に関する機密書類の公開に踏み切った。このころから米英の情報機関の監視が一段と強まっていった。身に危険を感じたアサンジは、支援者の邸であるエリンガム・ホールに拠点を移している。

ここを新たな居城に、さらなる戦いに挑もうとしていた。ウィキリークスは単独で戦うことをやめ、数々の調査報道を手がけて実績のある「ガーディアン」紙などと連携し、機密文書の内容を精査して記事化する新たな戦略に転じつつあった。

南の島の楽園

サイバースペースに出現した叛逆者、ジュリアン・アサンジは、一九七一年七月三日、オーストラリア北部の亜熱帯地帯に属するクイーンズランド州のタウンズヴィルで生まれた。母方は由緒あるスコットランド系移民の家柄で、祖父は大学の学長まで務めた人物だった。

アサンジの母、クリスティーンは、そんな厳格な家庭がどうにも息苦しかった。自分の絵を売って旅費をつくり、家出をしている。モーターバイクに野営テントを積み、地図を頼りに故郷タウンズヴィルから一五〇〇マイルも離れた大都会シドニーを目指した。

六〇年代後半のオーストラリアは、ベトナム戦争に反対する学生運動が全土に吹き荒れ、権威に抗うカウンターカルチャーが若者の心を捉えていた。クリスティーンもそんな時代の空気にどっぷりと浸かって、奔放な青春を過ごしたのである。

アサンジも取材に協力したドキュメンタリー・ノベル『アンダーグラウンド』に、クリスティーンの暮らしぶりが描かれている。彼女はベトナム反戦デモで出遭ったひとりの若者とたちまち恋に落ちた。その若者がジュリアン・アサンジの父親だ。だが、ほどなくふたりの関係は破局を迎える。それ以後、アサンジの人生から父親の姿は消えてしまう。ふたりが再会を果たすのは、アサンジが二〇代半ばになってからだった。父の存在は、ウィキリークスを立ち上げるにあたって登録したドメインの名義に痕跡をとどめているにすぎない。「wikileaks. org」にジョン・シップトンと冠せられて――。

母親のクリスティーンは、生まれたばかりのジュリアンを伴って、マグネティック島へ移り住んだ。そこは実家のタウンズヴィルからフェリーですぐ対岸にあり、ヒッピーたちの自由の楽園だった。太平洋を望む野性的な土地で、若者たちは砂浜や岩の洞窟を棲み家に気ままな暮らしを送っていた。

ジュリアンも海に潜っては魚を獲り、マングローブの森を探検し、ココナッツの実をクリケットのボール代わりに遊び暮らしたという。グレート・バリア・リーフに近いこの一帯では、野生のコアラがユーカリの葉を食み、島民たちは自ら野菜を育て、エビやザリガニを獲って生計を立てていた。クリスティーンは、シングルマザーとしてこの地で、先駆的な〝エコライフ〟を実践していたのである。

クリスティーンは、その時代を回想してこう述べている。

「ピクニック湾にあるコテージの借り賃は、週わずか一二オーストラリア・ドル（約一〇〇〇円）。私はビキニ姿でジュリアンを抱き、島の人たちと少しも変わらない暮らしをしていたわ」

こんな奔放な暮らしぶりが、既成の権威を受けつけない思想を息子アサンジの内面に育んだのだという。クリスティーンはこの後、俳優で舞台演出家のブレット・アサンジと結婚している。この珍しい姓は、一九世紀にオーストラリアにやってきた中国系の移民「アー・サン」（阿桑）に由来するという。

天才ハッカーの誕生

母クリスティーンの二度目のパートナーとの関係は、ジュリアンが八歳のときに破綻してしまう。そして次に母の恋人となったのは、ニューエイジの世代に属するミュージシャンだった。ザ・ファミリーというカルト教団に属していた。クリスティーンは間もなくこの男性と結婚し、ジュリアンに弟ができた。だが、夫の家庭内暴力でこの結婚生活もわずか三年しか続かない。ふたりは凄まじい親権争いを繰り広げ、クリスティーンは息子たちを連れて逃げ惑う。元夫の追跡をかわしてオーストラリア大陸を転々とし、じつに三七回も住居を変えている。

このためアサンジは満足に学校に通うことがかなわず、母親から読み書きを教わらなければならなかった。だが、どこに引っ越しても公立図書館に足を運んだ。ひとりひたすら本を読みふける孤独な少年だった。そんなアサンジはやがて「メンダックス」の名でハッカーとなる。一六歳のときだった。古代ローマの詩人ホラティウスの詩文にある「splendide《スプレンディデ・》 mendax《メンダックス》」、気高くして不正直なり――という一節を引いてハッカー名としたのだった。そのころから仲間と組んで「国際的破壊分子」を標榜し、大企業や大学、官僚機構のコンピュータ・システムを標的に次々と襲いかかっていった。

ハッキングされたカナダの通信企業「ノーテル」は、アクセスの痕跡を辿って、オーストラリアの捜査当局にアサンジらを告発した。かくして主犯格のジュリアン・アサンジは二四にも及ぶハッキングの容疑で摘発されてしまう。だが、三年にわたる審理の末、禁錮刑は免れた。

「彼らには知的好奇心のほかに、これといった犯行動機は見当たらない」

オーストラリアの裁判所はこう結論づけ、アサンジに罰金二一〇〇オーストラリア・ドル（約一八万円）の支払いを命じただけで身柄を解き放っている。

だが、その見立ては間違っていた。好奇心を満たそうとハッキングを繰り返していた少年の照準は、国家や大企業の権威にぴたりと定められていたのである。人々を力で支配し、抑圧しようとする既存の権力に怒りの矛先が向けられていた。国家が隠蔽しようとする不正を見つけ出し、ネット上に公開してやる——。ジュリアン・アサンジは、少年ハッカーから、ハッキングという手段で国家権力と戦う市民運動家、いわゆるハクティビストに変貌していた。

それから二〇年足らずのうちに、アサンジは世界にその名を知られるサイバースペースの叛逆児へと成長した。二〇一〇年一二月にはアメリカを代表する雑誌『タイム』の「パーソン・オブ・ザ・イヤー」の読者投票部門で第一位に選ばれるまでの存在となった。

情報自由の千年王国

鉄壁の防御システムこそウィキリークスの生命線なり——。こう宣言してきたジュリアン・アサンジを危機が見舞う。アフガン戦争に関する膨大な極秘資料を提供してくれたアメリカ兵が、機密漏洩の罪で逮捕されるという事件が持ち上がったのである。

機密を漏らしたとして身柄を拘束されたのは、アメリカ陸軍のブラッドリー・マニング上等兵だった。イラクで情報分析官を務めていた人物だ。しかし、捜査当局は、ウィキリークスの防護システムを突破して、機密を漏らした犯人をマニング上等兵だと突き止めたわけではない。

インターネット上のチャット——じつに人間臭い営為が逮捕のきっかけとなった。

「ああ、あれは僕がやったのさ」

マニング上等兵が、チャットで知り合ったエイドリアン・ラモにこう漏らしてしまったのである。

それが致命傷となった。

コロンビア系のアメリカ人エイドリアン・ラモは、かつては名うてのハッカーだった。二〇〇六年には「ニューヨーク・タイムズ」紙のネットワークに侵入し、続いて大手ＩＴ企業ヤフー、さらにはビル・ゲイツ率いるマイクロソフト社のシステムにも侵入を果たし、逮捕された前歴がある豪の者だった。

世界を驚かすこれだけのことをやったのはこの僕なんだ——。

マニング上等兵は誰かに伝えたいという衝動を抑えられなかったのだろう。伝えるならかつての大物ハッカーにと思ったらしいのだが、それが躓きの石となってしまった。

かつての大物ハッカー、ラモは、裏切り者となった。マニング上等兵こそアフガン戦争の極秘情報をウィキリークスに流した張本人だと、陸軍の捜査当局に通報したのである。

そのとき、ラモは、元ハッカーの経歴に目をつけた情報当局にリクルートされ、ＦＢＩやＮＳＡ・国家安全保障局の仕事を請け負う民間のセキュリティ会社に雇われていた。すでにインテリジェンス・コミュニティの一員となっていたのである。ＩＴスペシャリストとなった元ハッカーは、大切な雇い主にマニング上等兵を密告した。情報・捜査当局は単に元ハッカーの技術を買うだけではない。彼らの仲間を売り渡すことをも期待しているのである。

幽閉されたサイバー叛逆児

アフガン戦争のリークからわずか三カ月後の二〇一〇年一〇月、ウィキリークスは、今度はイラク戦争をめぐるアメリカ軍の機密文書、じつに四〇万点余りを一挙に公開した。アメリカ軍は、無辜《むこ》の民間人を無差別に殺戮し、イラクの人々に拷問を加えている。テロの容疑者が建物に潜んでいるとして、民間の施設を丸ごと空爆した――ウィキリークスの声明はこう述べて、これらの行為は膨大なアメリカ軍の報告書に書かれており、何者かによって告発されたものだとオバマ政権に宣戦布告した。

さらに翌一一月末には、ウィキリークスは、アメリカの在外公館と本国との間でやり取りされた公電など二五万点の外交機密を公開し、オバマ政権にさらなる衝撃を与えたのだった。

主要国から発出される公電には、同盟国の首脳に対しても時に辛辣な言葉が綴られる。在外公館に勤務する外交官は、内容が公表されない前提で公電の筆を執る。一定の期間が過ぎて情報が公開される場合も、相手国政府との信頼関係を損なう部分は削除される。機微に触れる内容を記した公電が生のまま公になれば、外交当局が受けるダメージは計り知れない。とりわけ当事者がなお公職にとどまっていれば、その人物を失脚させかねない。

しかし、情報自由の原理主義者、ウィキリークスは、国家が情報を独り占めにすることを一切認めようとしない。それゆえ、迷うことなく、アメリカ政府の外交記録をそのまま公開することに踏み切ったのである。

ウィキリークスの影響力が巨大になるにつれ、逆風も強まっていったのは当然の流れだった。ジュリアン・アサンジの身に新たな危機が忍び寄りつつあった。アサンジの動きを封じられるなら、彼に痛めつけられてきた国はどんな材料を使ってでも反撃に出ようとしていた。

二〇一一年八月二〇日、ウィキリークスの主宰者、ジュリアン・アサンジに対してスウェーデンの司法当局から逮捕状が出された。スウェーデン国籍のふたりの女性に対して性的暴行を働いた容疑だった。アサンジはただちに「ウィキリークスを敵対視する者たちによるでっちあげ事件だ」と猛然と反論に打って出た。

この年の一〇月、スウェーデン当局は、アサンジのスウェーデンでの居住と就労の許可申請を取り消す決定を下した。そして、一一月には、ICPO・国際刑事警察機構がスウェーデン政府から要請を受けて、アサンジを逮捕しようと国際手配に踏み切ったのである。このため、一二月七日にはアサンジはロンドン警視庁に出頭し、逮捕された。その後、保釈が認められると、ノーフォークにある支援者の邸、エリンガム・ホールに居を移したのだった。

わが魂に牢獄なし

アサンジは生まれながらの自由人だった。国籍はオーストラリアだが、これまでもアフリカのケニア、タンザニアをはじめ世界各地で暮らしてきた。二七歳のときには、メルボルンを出発し、サンフランシスコからヨーロッパ大陸に渡り、フランクフルトからワルシャワを経てサンクトペテルブルクを訪ねている。そしてウランバートルを抜けて北京に辿り着く、文字通りのグランド・ツアーをやり遂げている。この旅程はネット上に公開されて、世界各地のハクティビストたちがアサンジのもとを訪ねてきた。

デイパックに当座必要なお金と着替えを詰め込み、ネットで知り合った知人の家に泊まる。そしてハクティビストたちと明け方まで議論し、そのままカウチで寝込んでしまう。翌朝には次の街へと旅立つのである。アサンジはこうした旅を「カウチサーフィン」と呼んだ。こうしたライフスタイルは、ウィキリークスが世界的に注目を浴びても変わらなかった。地理的な制約を軽々と超えるサイバースペースとともにわが人生はある――。ジュリアン・アサンジの流亡の暮らしは彼の性《さが》そのものなのだろう。

二〇一二年六月、イギリス最高裁は、アサンジのスウェーデンへの移送を決定する。だがスウェーデンに行けば、やがてアメリカに移送され、訴追されるかも知れない。そのため、アサンジはロンドンのエクアドル大使館に助けを求めたのだった。反米色が強いエクアドル政府ならアサンジの亡命を受け入れてくれるはずと考えたのだ。

果たしてエクアドル政府は、アサンジをロンドンのエクアドル大使館に快く迎え入れてくれた。この日からアサンジはエクアドル大使館に籠城したまま一歩も外に出ていない。

イギリス政府はアサンジが外出すれば身柄を拘束する構えで、大使館をいまも多くの警察官が遠巻きにしている。この警備に要する費用だけでイギリスの納税者は年に一八〇〇万ドル（約一八億円）もの負担を強いられている。

アサンジの幽閉場所は、有名デパート「ハロッズ」のすぐ裏手、ナイツブリッジの瀟洒な赤レンガのフラットにある。大使館の事務室のひとつが改装され、アサンジの住居にあてられている。室内にはベッドに電話、太陽灯、それにインターネットに接続されたコンピュータが置かれ、シャワー、ランニングマシン、それに小さなキッチンも備え付けられている。

アサンジは二〇一三年六月、ＡＦＰ通信のインタビューに応じた。

「この一年は宇宙ステーションで暮らしているようだった。太陽灯で日光不足を補い、ランニングマシンで運動不足を何とか解消している」

閉ざされた空間にどう対処しているのかと尋ねる記者に、アサンジは彼らしい答えで応じている。

「わが魂はいささかも幽閉されていない」

アサンジは、わが身は閉じ込められているが、自分が操るサイバー空間は国家の桎梏《しっこく》を易々と乗り越えて世界にインパクトを与えている、と言いたかったのだろう。

その四カ月後、映画評論家のジョン・ヒスコックがスカイプを介してアサンジにインタビューを試みた。

「私がここに幽閉されている間も、あなたがた市民が暮らす牢獄は、ますます広がっている。私がここから解き放たれたとき、外の世界よりここで幽閉されているほうがまだましだ、と思うようなら最悪の事態だな。少なくとも、ここにいる限り、警察に突然踏み込まれる心配はない。官憲の介入を阻む治外法権の支配が及んでいる。多くの国々では、市民がいつ、なんどき、どんな目に遭うのかわかったものではないのだから」

こうしたコメントをアサンジの強がりと切り捨てるわけにはいくまい。中国やロシアそしてアフリカや中東の国々では、国家の権力が突然牙を剝いて民衆に襲いかかってくる危険は常にある。民衆が権力の濫用を防ぎとめる手段を持たない国も多い。それがいまの世界の厳しい現実なのである。

ジュリアン・アサンジは、そんな世界の現状に叛旗を翻し、われこそはいかなる国家の権力も認めないアナーキストなりと叫んでいるように見える。だが真正のアナーキストにしてサイバー空間の叛逆者アサンジが、反米国家とはいえ、エクアドルという国家の懐に逃げ込んでいる構図は深いアイロニーを湛えている。

清廉なる執政官キンキナトゥス

国際テロ組織アルカイダに痛打を浴びせるには、情報の戦いでも先手を打って攻勢に出るべきだ——。ブッシュ共和党政権は情報分野でも先制攻撃が必要だと主張した。その果てに二〇〇一年の同時多発テロ事件を機に、アメリカ政府は令状なしの通信傍受に手を染めていった。

そして、人々の暮らしに国家権力が土足でどかどかと踏み込んでいった。FBIの捜査官が令状を持たずに一般市民の家庭に踏み込んでくれば、大きな問題になるだろう。だが、サイバースペースでは、そして通信回線では、官憲の姿を見つけることが難しい。テロとの戦いを大義に掲げる国家権力が、合衆国憲法で不可侵を保障されているはずの市民の自由な領域に臆面もなく押し入ってきたのである。

「ニューヨーク・タイムズ」紙は、アメリカ最大の諜報機関NSAが、数千人の市民を対象にメールなどの通信を裁判所の令状なしに傍受していたとすっぱ抜いた。このスクープが報じられた二〇〇二年当時、筆者はNHKのワシントン支局長としてホワイトハウスを担当していた。この報道への対応に追われるブッシュ共和党政権の慌てぶりを目の当たりにしている。

　市民の自由と権利を守り抜くには、自分たちで官憲の動きを監視しなければならない
――こう主張して、活動する少数の人々がアメリカにもいた。ジャーナリストで弁護士でもあるグレン・グリーンウォルドもそのひとりだった。敵国やテロ組織の電波・通信の傍受を主な任務とするNSAが、自国民の通信を無断で盗聴している実態を告発し、自ら立ち上げたブログで「政府を監視すべきだ」と論陣を張っていた。そんなグレン・グリーンウォルドの活動が、情報機関の関連組織で働くエドワード・スノーデンの目に留まった。

「グレン、あなたなら、これほど大がかりに行われている通信への監視、さらには国家の秘密主義に危機感を抱いているはずです。そして、政権の圧力にも、一部のメディア、さらにはいまの政権の支持者から加えられる圧力にも、あなたなら屈することはないでしょう」

　グリーンウォルドのもとに、スノーデンから初めて接触があったのは、同時多発テロから一〇年以上が経った二〇一二年の一二月一日のことだった。グリーンウォルドが住むリオデジャネイロに届いたメールの差出人は「キンキナトゥス」。紀元前五世紀にローマの執政官を務めて外敵から祖国を守りながら、さっさと執政官の座を退いて野に下った有徳の士として名をとどめている。スノーデンは自らの境遇を農民出身のキンキナトゥスに重

ね合わせていた。

スノーデンとグリーンウォルドのこの出会いこそが、サイバー世界の機密保持のありようを根底から覆してしまった。いまやそう断じても異議を唱える者はいまい。

このときエドワード・スノーデンは、弱冠二九歳。NSAの契約スタッフとして、ハワイのクニアにある暗号解読センターでシステム管理者を務めていた。

翌二〇一三年の五月、スノーデンは職場の上司に「病気療養のため」として、三週間の休暇を願い出た。恋人にも別れを告げている。そして二〇日、ホノルルから香港へと飛び立った。

傍目には気楽な休暇と映ったことだろう。だが、彼はラップトップ・コンピュータを四台も携えていた。PCは幾重にも暗号化され、厳重な保秘システムが施されていた。アメリカのNSAやイギリスのGCHQ・政府通信本部のサーバーから機密文書を取り出せる特殊なシステムが収められていたからだ。

彼が引き出せる情報は、そのほとんどが「トップ・シークレット」に分類される国家の最高機密だった。「トップ・シークレット・ストラップ（Strap）1」とあるのはイギリスの機関が傍受した情報のなかでも最高クラスに分類されるものを指していた。

スノーデンはホノルルの国際空港から香港に向けて出国し、祖国アメリカに永遠の別れを告げた。当座の亡命先に定めたのは香港、九龍側に建つ五つ星のザ・ミラ・ホテルだった。スノーデンは、ここから信頼するドキュメンタリー映像作家のローラ・ポイトラスを仲介役に、リオデジャネイロのグリーンウォルドと連絡をとった。

ルービックキューブの男

「この案件は世界のありようを変えるほど重要で意義があるわ」

ローラ・ポイトラスが懸命に説得し、リオデジャネイロにいたグリーンウォルドは、ようやく腰を上げ、ニューヨークを経て香港に向かったのだった。六月三日のことだった。はじめての会合場所は、スノーデンが滞在しているザ・ミラの会議室だった。ポイトラスも一緒だった。顔は青白く、手足のやけに長い、神経質そうな若い男――。それが初対面の印象だった。やっと髭をそれる歳になったばかり、と思えるほど若く見えたという。この初対面の模様をグリーンウォルドが書いた『暴露～スノーデンが私に託したファイル～』(新潮社刊)に拠りながら再現してみよう。

彼の右手にはやりかけのルービックキューブがあった。白いTシャツにジーンズ姿だった。何かの手違いじゃないだろうか。グリーンウォルドはひどく不安になったという。彼はどう見ても二三歳くらいにしか見えなかったからだ。

全く狐につままれたようだった。もし、眼前の若い男が「謎の男」だとすればの話だが——。初対面の合言葉は暗号化したメールであらかじめ知らせてきていた。

グリーンウォルド：レストランは何時に開きますか。
男：正午です。でも、まずいからやめたほうがいい。

グリーンウォルドは緊張しながら、指示された通りのせりふを口にしてみた。努めて真面目くさった顔つきでそう言った。

「どうぞ、こちらへ——」

スノーデンは素っ気なく言った。

彼らは黙ったままエレベーターに向かった。

周りには誰もいない。少なくともそう見えた。

エレベーターは二階で停まり、ルービックキューブの男に従って、彼らは一〇一四号室へ入っていった。

もう、なるようになれ、という感じだった——グリーンウォルドはこの決定的瞬間をこう回想している。

はじめから奇妙なミッションだったのだ。どうやら無駄足だったのかもしれないと自分に言い聞かせたという。

この細縁眼鏡をかけた学生のように見える若い男が、超ド級の極秘情報を果たして入手できるというのか。楽観的に考えるなら、眼前の若者は、「謎の男」の息子か、さもなければ秘書ではないのかと思うことにした。そうでなければ、会っても時間の無駄だろうとグリーンウォルドは考えていた。

だが、ローラ・ポイトラスはこの男とすでに四カ月もの間、極秘裏に連絡をとりあってきた。だから、彼にちがいない——と直感した。少なくともネット上に存在していたのは、まさしくこの男なのだ。

しかし、彼女もまた混乱していた。

「あまりに若いのでびっくり仰天でした。脳の配線をつなぎ直すのに丸一日はかかりました」

エドワード・スノーデンは、初対面にもかかわらず、身の上話を突然語り始めた。

そして自分が扱ってきた機密情報に話は及んでいく。「ストラップ」は最高レベルの機密情報を指し、ごく限られた者、そう安全保障関係者を除けば、この種の機密文書を見た者はいまだかつていないはずだ。

「これは史上最大の情報漏洩だ」

眼前の若い男はそう言い放った。

スノーデン情報の衝撃

アメリカのNSAは、ベライゾン・ワイアレスなどアメリカの大手通信会社の協力を得て、アメリカ国内で月に三〇億件、全世界では九七〇億件のインターネットと電話回線の傍受を行っている——。イギリスの「ガーディアン」紙は、二〇一三年六月五日付の紙面でこう報じたのだった。このスクープは一般の人々を驚かせるに十分だった。

通話内容を録音していただけでなく、通話していた者の氏名、住所を記録し、位置情報まで把握していたのである。さらにNSAはアメリカの緊密な同盟国にも通信傍受の輪を広げていた。同盟国の指導者の携帯電話まで盗聴し、各国の捜査・情報機関の通信にもアクセスしていた事実が明るみに出てしまった。

あろうことか、ドイツのアンゲラ・メルケル首相が使っていた党務専用の携帯電話も盗み聴いていたのだ。従来からアメリカの情報機関は、メルケル首相がロシアのプーチン大統領とホットラインを通じてロシア語で話し合っていることに重大な関心を示していた。自ら党首を務めるキリスト教民主同盟の党務用とはいえ、メルケル首相の携帯電話を盗聴していたことで、米独関係はにわかに緊張することになった。

さらにアメリカの「ワシントン・ポスト」紙は、ＮＳＡとＦＢＩが「ＰＲＩＳＭ」と呼ばれる独自プログラムを使ってインターネット空間を行き交う個人情報を秘密裏に収集していたと報じた。通信傍受には、マイクロソフト、グーグル、ヤフーなど大手の通信会社が協力させられていたのである。これらはすべて、エドワード・スノーデンがＮＳＡから持ち出した極秘文書に基づいて暴露された衝撃の事実だった。

スノーデンが勤務していたＮＳＡ・国家安全保障局は、ＣＩＡ・アメリカ中央情報局やＦＢＩ・アメリカ連邦捜査局に較べて、一般には馴染みが薄い組織だろう。その司令塔は、ワシントン郊外のメリーランド州フォート・ミードにある。世界八〇カ所に拠点を持ち、三万人もの職員が働くアメリカ最大の諜報組織なのである。

その実態は機密のベールで覆われている。創設当時は、ＮＳＡをもじって、「No Such Agency」――そんな部署などどこにも存在しない。「Never Say Anything」――何もしゃべってはいけない組織だと皮肉られていた。

通信や電磁波などを傍受・解析するインテリジェンス活動は「シギント・SIGINT(Signals Intelligence)」と呼ばれる。NSAは、電話の盗聴をはじめさまざまな通信の傍受を担うシギント活動の中核組織であり、世界最強の通信諜報機関なのである。NSAは、イギリスやカナダなど英連邦の主要四カ国と密接に協力し、地球規模の大がかりなシギント網「エシュロン」を運用している。

祖国アメリカへの幻滅

エドワード・スノーデンは、一九八四年にノースカロライナ州で生まれた。父親は沿岸警備隊に三〇年余りにわたって勤め、母親もメリーランド州の連邦裁判所に勤める、堅実な公務員一家だった。スノーデンはメリーランド州で育ったのだが、高校生活に馴染めないまま中退している。学校の授業より、インターネットに魅せられてしまったのである。その後はコミュニティ・カレッジでプログラミングなどを学ぶのだが、やはり高校を卒業していないことに引け目を覚えていたという。

二〇〇一年の同時多発テロ事件が彼の人生の転機となった。これを境に愛国的な傾向を強め、二〇歳になるのを待って、イラク戦争に身を投じるため合衆国陸軍に入隊している。

だが、陸軍に入って間もなく、この戦争の大義に疑問を抱き始める。ブッシュ政権はイラクに民主主義を広げるために戦っているというが、現地の軍人たちにはそんな崇高な使命を持ち合わせている者は見当たらなかった。イスラム教徒をひたすら殺戮することが真の目的ではないのか——。スノーデンは絶望し、歩兵訓練中に両足を骨折したのを機に軍を去っている。

イラク戦争には幻滅したが、アメリカという国家への信頼はまだ揺らいでいなかった。このため、両親と同じように連邦政府で時給三〇ドルで働くことにした。二年後にはシステム・エンジニアとなり、メリーランド州立大学の言語高等研究センターの保安要員となった。

この研究所は、表向きは大学施設ということになっていたが、じつはNSAから資金を得て極秘任務を担っていた。ここで働くことで、国家の機密情報にアクセスする許可を得ることができた。このころにはITに関する豊富な知識を蓄え、コンピュータ・オタクを意味する「ギーク」は、さなぎの殻を破ってプロフェッショナルに変身していた。

「アメリカ政府の仕事をしてみる気はないか。仕事の内容はいままで通り、君の得意なインターネット分野で変わらない」

エドワード・スノーデンにコンタクトしてきたのは、ＣＩＡのリクルーターだった。二〇〇六年のことだ。採用が決まった翌二〇〇七年には、通信情報のシステム・エンジニアとしてジュネーブのアメリカ政府代表部での勤務を命じられた。大使館勤務は一種の偽装で、ＣＩＡのコンピュータ・ネットワークのセキュリティを委ねられた。スイスの国際都市ジュネーブには、有力なプライベート・バンクや多国籍企業が集まり、高度な機密情報がやり取りされていた。それゆえ各国の情報関係者も活発に活動していた。

冷戦期、ＣＩＡ長官を務めたアレン・ダレスも、第二次世界大戦中にここスイスで情報活動の指揮を執っていたことがある。スノーデンには、美しいローヌ川の流れを見下ろす四ベッドルームの快適な公舎があてがわれた。高校を中退した青年には破格の待遇だった。だが彼は、アメリカという国家が手を染める汚れたスパイ行為を目の当たりにして、鬱々として楽しまなかった。

スノーデンがのちにグリーンウォルドに語った逸話は、彼の祖国に対する幻滅を決定的なものにした。ＣＩＡのジュネーブ支局は、国際金融に関する機密情報を手に入れるため、スイスにある銀行の職員をリクルートしようと接近する。そして、この銀行員を誘って酒をしたたかに飲ませ、車で帰宅するように仕向ける。彼が地元の警察に取り押さえられるや、アメリカの外交官だと名乗って助け出すという段取りだ。これをきっかけに銀行員はアメリカの外交官、じつはCIAのオフィサーと親しくなり、やがてエージェントになっていたという。

「ジュネーブでのCIAの振る舞いは私を幻滅させた。アメリカ政府は善行よりも遥かに多くの悪行に手を染めている。そしてその組織の一員が私だった」

スノーデンは盟友グリーンウォルドにこう告白している。

ニッポンにいたスノーデン

二〇〇九年にスノーデンはCIAの職を辞している。だがCIAと縁を切ったわけではない。情報機関とひとたび契りを結んだ者は生涯を通じてインテリジェンス・コミュニティの軛《くびき》から逃れられない。

彼の次なる就職先は、コンピュータ関連企業のデルであった。だが本当の雇用主は、アメリカ最大の情報機関NSAだった。地球上にネットワークを張りめぐらし、電波傍受を担う諜報機関の一員となった。スノーデンは東京・横田にある在日アメリカ空軍基地のなかにあるＮＳＡの施設で働くことになった。彼はその卓越したコンピュータ・スキルを買われて、極秘情報を扱う許可を得ていた。

スノーデンは子供のころから日本製のアニメーションやコンピュータ・ゲームに熱中し、日本語を独学で一年半勉強したことがある。テクノロジー・ウェブサイト「アルス・テクニカ」の常連で、ハンドルネームに「The True HOOHA」、「真の風破」を使っていた。だが、日本滞在中にもＮＳＡによる凄まじいばかりの監視活動を目撃し、アメリカという国家への疑念を一層深めていく。

「ＮＳＡの連中は、世界中を飛び交うありとあらゆる会話、そしてさまざまな行動を摑もうと懸命だった」

三年にわたった日本勤務を経て、二〇一二年三月、デルの契約社員の身分のまま、スノーデンはハワイ、オアフ島のクニアにあるＮＳＡの暗号解読センターに転任となった。主として中国を標的とした電波傍受を担うシギント部門に配属された。新興の軍事大国、中国の台頭はめざましく、スノーデンのチームは中国海軍のフリゲート艦や駆逐艦などの監視にあたった。人民解放軍のコンピュータ・ネットワークに侵入を試みることも任務となった。

ＮＳＡのシステム管理者に昇進したスノーデンは、一線の分析官とは比べ物にならない量の機密資料にアクセスすることができた。このハッカー出身のサイバー・スペシャリストは、NSAが行っている通信監視の実態をいつか告発してやろうと決意を固めていく。

翌二〇一三年、スノーデンはより高度なセキュリティ特権を求めて、NSAの民間委託会社ブーズ・アレン・ハミルトンに職を得た。NSAのイントラネットシステムであるNSAnetにアクセスを許され、何の痕跡も残さずにファイルを開くことができた。

アメリカの極秘情報だけでなく、イギリスの電波傍受機関であるGCHQのイントラネットを通じて、イギリスの機密情報にもアクセスできるようになった。ブーズ・アレン・ハミルトンに在籍して四週間が過ぎたころ、スノーデンは体調不良を理由に休暇を申請した。そして五月二〇日、世紀の内部告発者となるべく、香港へ向けて静かに旅立った。

スノーデンがグリーンウォルドに手渡し、詳しく解説してみせた極秘情報は、NSAの通信傍受の実態と手口だった。それらの情報は、翌六月の初め「ガーディアン」紙や「ワシントン・ポスト」紙の一面を華々しく飾って、アメリカのインテリジェンス・コミュニティにメガトン級のショックを与えることになった。

メガトン級の内部告発

エドワード・スノーデンは、一連の報道の直後に「ガーディアン」、「ワシントン・ポスト」両紙を通じて、自分が告発者だと名乗り出た。この行為がワシントンに与えた衝撃の大きさは、当事者でなければ想像できないだろう。

情報漏洩の犯人は当初、米国のインテリジェンス機関の高官ではないかと囁かれていた。それだけに連邦政府から委託を受けたブーズ・アレン・ハミルトン社の若い職員の仕業だった事実は当局を困惑させた。かつて天才ハッカーだった青年が、CIA、続いてNSAに奉職し、職務上知りえた機密を漏洩した行為は、オバマ政権の威信を大きく損なった。そのうえで、有力紙に自分が犯人だと堂々と名乗り出ることなど誰が想定しただろう。

スノーデンがこの巨大民間企業の下級職員だったのは、高校中退だからでもなく、能力が低いからでもない。インテリジェンスの非合法活動に関わっていたからだ。万一、不祥事が起きたときには、「外部の民間会社の下級職員がやったことだ」と釈明するための布石だった。

スノーデンが名乗り出た直後に、米国政府の関係者は「さして重要な人物ではない」と釈明したが、それはなにより重要な任務にあたらせていた証左だった。それを裏付けるように、彼の年収は約二〇万ドル、日本円にしてざっと二〇〇〇万円にのぼる。CIAの中堅幹部の、日本の外務省なら課長か局審議官級の高給だろう。三〇歳にならない、しかも高校中退のギークがこのような高給で遇されていたのは、スノーデンの能力がずば抜けていたからに他ならない。六月二二日、アメリカ司法当局は内部告発者エドワード・スノーデンに対し、情報活動取締法違反の容疑で逮捕状を取った。

スノーデンはなぜ、これほどのリスクを冒してまで告発に踏み切ったのか。国家機密を漏洩してFBIに逮捕されれば、厳しい尋問を受けなければならず、その果てに禁錮刑、それも一〇〇年を超える長期禁錮刑で、一生を刑務所で送らなければならない。

六月一七日にスノーデンがしたためた、祖国への遺書といえる手記がある。

「アメリカ政府が世界中の人々のインターネット上の自由、そして基本的な権利を極秘のうちに侵害することをわが良心が許さなかった」

これこそがスノーデンを突き動かした動機だった。

「私を刑務所に入れたり殺したりしても、アメリカ政府は真実を隠し通せない。真実の暴露は止められない」

そして香港入りしたのは、アメリカでは到底公正な裁判は受けられないからだと説明している。

「アメリカ政府は、自分を国家の裏切り者だと断じて、公正な裁判を受ける可能性をつぶしてしまった。国家が極秘裏に行っている犯罪行為を暴露することが許されない犯罪だと言っているが、これは正義に反するのではないか」

スノーデンは、アメリカ政府に名乗り出て、逮捕されるのは馬鹿げていると主張する。アメリカの刑務所に入って何ごとかをなすより、外の世界にいるほうが遥かに多くの善行を積むことができると判断したという。

「中国政府とは接触していない。もし私が中国のスパイなら、どうして北京に直接飛ばなかったのか。今頃は宮廷で不死鳥をなでていただろうに」

スノーデンはこう述べて、政治亡命と引き換えに中国政府に情報を提供したという指摘を真っ向から否定している。

サイバー・リバタリアン

エドワード・スノーデンは、ウィキリークスのジュリアン・アサンジとは異なる思想を持つ人間である。ジュリアン・アサンジは、真正のアナーキスト、国家権力の存在そのものを認めない無政府主義者だ。サイバースペースでも国家の存在を決して認めようとしない。

これに対して、エドワード・スノーデンは、国家という概念まで否定してはいない。人間はあくまで自由な存在であり、国家は個人の暮らしや内面に干渉すべきではない——と考えるリバタリアニズムの信奉者なのである。従って、アメリカ合衆国の存在を否定しない。むしろアメリカを心から愛していると言ってもいいだろう。

リバタリアンは、個人の自由を最も重んじる。スノーデンは、二〇〇八年の大統領選挙では、共和党予備選挙で著名なリバタリアン、テキサス州選出のロン・ポール下院議員を支持した。ポールは、連邦議会では新たな支出や増税に対して一貫して反対票を投じてきた政治家だ。産婦人科医であり、007の映画に因んで「ドクターNO」と呼ばれている。自由を基本理念とするアメリカ合衆国憲法に忠実であれ——こう主張し、連邦準備制度や妊娠中絶問題に対する連邦政府の介入を認めず、死刑制度、所得税、社会保険制度にも反対してきた。彼が何より嫌ったのが、政府による個人生活の監視であった。

ポールは、共和党の大統領候補討論会では、五つのうちの四つの討論会で、インターネット投票と携帯メール投票で勝利している。雑誌『USニューズ&ワールド・レポート』

は、インターネットでの彼の人気を次のように報じている。

「ポールの支援者はインターネットに集結していて、彼らの熱意によって、どのインターネット情報の統計でも、ポールは遥かに有力な候補者たちに交じって登場する」

エドワード・スノーデンもまた、リバタリアン、ポール議員の支援者だった。

イスラエルでサイバー・インテリジェンスを統括していたある人物は、スノーデン事件が発覚した直後に次のように述べている。

「国家や民族に信を置こうとせず、反感を抱いているハッカーはじつに多い。この種の思想犯は手に負えない」

権威に抗う思想犯は、確かに扱いが難しい。だが国家間のサイバー戦争に立ち向かうためにそうした人物も国家の諜報機関に取り込んで使わざるをえない。これがサイバー時代のアイロニーなのだ。アメリカだけでなく、イギリス、イスラエル、それにロシアでも、インテリジェンス機関はハッカーを重要な戦力にしているのが実情だ。

ところが、どの国のインテリジェンス機関も、ハッカーを正規の職員として採用することでは苦慮している。たとえ、身辺調査で特に問題が見つからなくても、安心できないからだ。ハッカーの思想傾向を数年間かけてじっくり調査した後で正式に採用するのが常なのである。

スノーデンをめぐる米ロの対決

スノーデンの動きを封じるアメリカのオバマ政権の対応は素早かった。スノーデンが香港を発って第三国に出国する機先を制して、彼の旅券を無効にする措置をとっている。二〇一三年六月二三日、スノーデンは、滞在先の香港を発って、ロシアを経由して中南米に向かおうとしていた。だが、アメリカの旅券が無効になってしまったため、中南米に向かう乗り継ぎの飛行機の切符を購入できなくなった。

同時に、ロシアに入国することもかなわなくなった。モスクワのシェレメチェボ国際空港に到着したものの、国際線のトランジット客として通過エリアに滞在を余儀なくされてしまう。だが、一般の旅行客が利用するトランジット・エリアに足止めされたわけではない。政府高官や外国の要人用の特別な施設に収容されたのである。ここならメディアも踏み込んでこない。こうしてスノーデンは事実上、ロシアの情報機関ＦＳＢ・連邦保安庁の監視下に置かれたのである。

オバマ政権は、外交ルートを通じてスノーデンの身柄の引き渡しをロシア側に強く求めた。米ロ関係の悪化も辞せずという強硬な姿勢であった。一方、ロシアのラブロフ外相は、入国管理の手続きのうえでは、スノーデンがロシアにいまだ入国していないため、アメリカの要求には法的に応じるわけにいかないと答えている。

プーチン大統領も、ロシアと米国との間には犯罪者を引き渡す協定がないことを挙げて、スノーデンの身柄をアメリカ側に渡す意志がないことを明らかにした。オバマ政権は、ロシア側がスノーデンの逃亡を助けていると繰り返し非難する。ロシア側はそうした批判は的外れだと反論し、米ロ関係はたったひとりの情報漏洩者の扱いをめぐってにわかに緊迫した。九月にプーチン大統領の地元、サンクトペテルブルクでG20首脳会議が開かれたが、それに先だって予定されていたモスクワでの米ロ首脳会談は流れてしまった。

その一方で、プーチン大統領はスノーデンという情報漏洩者に全く好意を示さなかった。裏切り者は敵よりも悪い――。この世界の掟にプーチン大統領は忠実だった。プーチンがかつて籍を置いたKGB・ソ連国家保安委員会では、敵陣営に寝返った裏切り者は、非公開の欠席裁判にかけられ、死刑を宣告される。

実際には殺しのプロフェッショナルが裏切り者を消すケースはごく限られていた。だがひとたび死刑判決を宣告されれば、国外に亡命したインテリジェンス・オフィサーは、たとえようもない心理的重圧で押し潰されそうになる。いつKGBの魔の手が迫ってくるかと怯えながら暮らさなければならないからだ。こうした厳しい対応が、組織への裏切りを抑止する効果は絶大だった。インテリジェンス機関に勤務した経験のある者は、生涯現役であり、一生国家のために尽くすべきだ——。これこそプーチン大統領の倫理観なのである。

ロシアという名の牢獄

ウラジミール・プーチンは、ＫＧＢの第一総局の腕利きのオフィサーとして東ドイツのドレスデンに勤務した経験を持つ。現在の対外諜報機関であるＳＶＲ・ロシア対外情報庁の前身にあたる組織に属していたのである。こうした第一線での勤務経験から、インテリジェンスの世界の掟がいかに厳しいものかを知り抜いている。

スノーデンは自ら志願してアメリカのインテリジェンス機関に奉職した者だ。にもかかわらず国家を裏切った叛逆者だとプーチン大統領は見なしている。

「アメリカ政府が世界中の人々のプライバシーやインターネット上の自由、さらには基本的な権利を極秘の調査で侵害することをわが良心が許さなかった」

こうした素朴な正義感を堂々と披瀝するスノーデンをプーチン大統領は評価しようとし

ない。

だが、ロシア国内でもスノーデンをロシアへ受け入れるべきだと主張する政治家がいた。イリヤ・コストゥノフ議員は、スノーデンがロシアの安全保障に役立つ情報を持っている可能性があるとして、彼の亡命を受け入れるべきだと主張した。

「アメリカがロシアに対してスパイ活動を行っていることは確実であり、不愉快で想定外の事態に遭遇しないために、スノーデンを迎えいれて保険をかけておかなくてはならない」

スノーデンが、アメリカのロシアを標的にしたサイバー攻撃に関するインテリジェンスを携えているなら、身柄を保護してサイバー兵器などについての詳細な情報を聞き出しておくべきだと訴えた。だがプーチン大統領は、当初、ロシアはスノーデンを利用しないとしていた。そして、スノーデンの亡命受け入れにひとつの条件を示した。

「ロシアに残りたいのなら条件がひとつある。われわれのパートナーであるアメリカに損害を与えるような活動をやめなければならない」

オバマ大統領にはアメリカへも配慮しているというシグナルを送りつつ、同時にスノーデンには亡命受け入れに柔軟な姿勢を示したかに見える。しかし、真相はそうではない。スノーデンに対して受け入れがたい条件を敢えて示すことで、ロシアから一刻も早く離れるよう促したのだった。

ところが、スノーデンは、予想に反して、ロシア側の条件を丸呑みしてしまった。それだけ、第三国への渡航が困難かつ危険になっていたのである。ロシア移民局は、二〇一三年七月二四日、亡命申請の審査のためにスノーデンの一時入国を認めた。翌八月には、彼はついにロシアに正式に入国を果たしている。プーチン大統領の流儀には添わない亡命者だったが、はぐれ鳥は結局ロシアの懐に逃げ込んできた。カウンター・インテリジェンスを担うＦＳＢは本格的な聴き取りを始め、これによってアメリカ政府が貴重なシギント情報の流出を止める方策はなくなってしまったのである。

一七世紀、ヨーロッパに国民国家が出現する遥か昔から、中国には祖国を捨てるという意をこめて「亡命」という言葉があった。祖国を去ることとは、すなわち命を亡ぼすことを意味したのである。スノーデンはいま、亡命にまつわる深淵を覗き見ていることだろう。

エドワード・スノーデンは国家が個人の暮らしの領域へ介入してくることを何より嫌うサイバー・リバタリアンである。そのスノーデンが、国家の権威をどの国より重んじ、時に強権をもって個人の生活に介入するロシアのプーチン政権の懐に逃げ込んだことは、何という皮肉だろうか。いまスノーデンは、そんなロシアの庇護のもとで、自らの思想・信条と我が身の現状をめぐる矛盾を噛みしめながら、ジュリアン・アサンジと同様、南米のエクアドルに飛び立つ日を待ちわびている。

おわりに――情報戦士へのレクイエム

趣味はなにかお持ちですか――。

時折こう尋ねられるのだが、なんとも答えに窮してしまう。

カリブ海のカジノを巡るクルーズやアイルランドの巡回競馬には出かけるが、これは一球入魂の真剣勝負だ。気楽なホビーとはとうてい言えない。北国に育った少年として、蝶の採集は大好きだったが、捕虫網を置いてすでに久しい。そう考えて、答えあぐねてしまうのである。えーい、思い切って正直に言ってしまおう。

「果たして、趣味といえるかどうか――、じつは〝畸人〟のコレクションです」

えっ、〝キジン〟ですか、と決まって怪訝な顔をされる。やはり、旅行とか、読書好きですとか、型通りに答えておくべきだった。大人のつきあいは軽くお茶を濁すことも大切だと思い知らされる。

そもそも、僕のコレクションである〝畸人〟は、変人や偏屈者の謂いではない。英語のeccentric・エキセントリックには、日本語にぴったりくる言葉が見当たらない。英国人の語感では、世の中のさかしらな常識を超越した、常ならざる人物のことを謂う。思いあぐねたすえに本書では〝畸人〟と書き表した。『荘子』に、「畸人なる者は、人に畸なれども天に侔《ひと》し」とあるが、漢字研究の碩学《せきがく》、白川静先生にはお叱りを受けるかもしれない。

だが、畸人であれば誰でもいい、というわけではない。僕はカジノならルーレット、競走馬なら長距離血統のステイヤーが好みなのだが、畸人はやはりBritish eccentricに限る。

アポイ岳という高山植物群落の宝庫には、ヒメチャマダラセセリという小さな蝶がひっそりと棲息している。大雪山系の山々が太平洋に雄々しく沈んでいく襟裳岬の一帯にだけ棲む氷河期の生き残りの蝶である。British eccentricという珍種も、幻の蝶に似て、いまや絶滅危惧種なのである。

そんなBritish eccentric種のコレクターとして、歴史の遠景に姿を消そうとしている人々に出会えたのは幸いだったと思う。そのなかのひとりが、「猛獣使い」と呼ばれた女性だ。第二次世界大戦中、ナチス・ドイツの暗号解読に取り組んだエキセントリックな男たちを巧みな手綱さばきで扱ったひとだった。軍や情報部との煩わしい折衝を一手にさばいて、天才たちを俗事から守り抜いたのである。ピンクのサマードレスをお洒落に着こなして、じつに愛らしかった。彼女は娘時代を慈しむようにこう話してくれた。

「あの天才と狂気の狭間にいた男たちが、わが祖国を救ったことはいまでも誇らしいけれど、暗号機関での日々は、三〇年の間、両親にさえ一切漏らすことを許されなかったのよ」

大英帝国はナチス・ドイツとの情報戦で、「コロッサス」という電子式計算機を編み出し、コンピュータの原理を初めて暗号解読に用いた。彼女が何くれとなく面倒を見た男たちは難攻不落といわれたドイツの暗号機「エニグマ」の解読に大きく貢献したのだった。

その拠点となったブレッチリー・パークには、これ以上ない British eccentric 種が勢揃いしていた。数学の天才アラン・チューリングをはじめ、幾多の奇才たちが、独創的な方法でエニグマ暗号の謎に挑み、大英帝国を勝利に導いていった。暗号解読に脳髄を振り絞り、やがて燃え尽きていった男たち。彼らの戦いぶりは、「猛獣使い」の胸のなかにいまも生き続けているのだろう。

サマードレスのひととは、イギリス外交官のマナー・ハウスで催されたディナーで隣り合わせた。

「もしお時間が許せば、あす、アフタヌーン・ティーにいらっしゃいませんか」

優美な笑顔を浮かべて、生け垣を挟んで建つ彼女の邸に招いてくれた。

ガラスの温室は草花で溢れ、白い籐のテーブルにアッサム・ティーが運ばれてきた。去りゆく夏の陽ざしを浴びる裏庭には、色とりどりの薔薇が咲き乱れていた。

よく見ると、それぞれの株には流麗なキリル文字で書かれた小さな名札が付けられている。「ミーシャ」「アリョーシャ」「スヴェータ」「アーニャ」「サーシャ」「リョーニャ」――。すべてロシア語の名だ。

「あれは、家内がいまも大切に想っているミーシャたち、そう、冷たい戦争を戦った者たちの墓碑銘なのです」

ケンブリッジで科学史を講じていた夫君がそっと教えてくれた。

冷戦のさなか、クレムリンが放ったスパイたちは西側世界に音もなく潜り込み、任務を終えるとそっと姿を消していった。次に現れるときには別の名前と肩書をまとっている。彼女は戦後も諜報組織に残って対ソ情報戦に参加し、ロシアのスパイの動向を記録し続けた。大戦中は暗号戦の情報士官、冷たい戦争では好敵手の素顔を誰よりもよく知る薔薇のレディ――彼女もまた British eccentric 世界の住人だった。

幾多の栄光に包まれた老情報大国もいまや落日のなかにある。大西洋に浮かぶブラスケット島を望むアイルランド西端のディングル湾。その断崖にコテージがひとつぽつんと建っている。わが旧友がここを終の棲み家に暮らしていた。波が穏やかな日にはきまって愛用のディンギー艇を駆って外洋に出ていた。水平線に落ちていく夕陽を眺めていたのだろう。

友は英国海軍《ロイヤル・ネイビー》の情報畑《インテリジェンス》を一貫して歩んだ海軍士官だった。彼はブエノスアイレスの英国大使館に在勤する海軍駐在武官を務めた。そして、時のアルゼンチンの軍事政権が英国領フォークランド諸島を侵そうとしていると警告した。

「アルゼンチン政府は、経済失政の不満を外に向けようと、過激なナショナリズムを煽りたて、わが英国領たるフォークランド諸島に牙を剝きつつあり、警戒を緩めてはならない」

わが友は、確かな裏付けを示してロンドンに警報を発しつづけた。だが、官僚機構は一介の駐在武官の意見具申などに耳を傾けようとしない。果たして、彼の暗い予見は的中し、アルゼンチン軍はフォークランドを侵してきた。それゆえに巨大組織からはかえって疎まれることになる。ロンドンのインテリジェンス当局者は、ブエノスアイレス発の警告電のファイルをいつしか消却してしまう。自分たちの判断の誤りを隠そうとしたのである。情報士官は、煮えたぎる怒りを抱えたまま、一切のしがらみを断って突然、ロンドンからディングル半島に隠棲してしまった。

彼は、バルチック艦隊を撃破した日本の帝国海軍とロイヤル・ネイビーの盟約を、新たな視点から読み解く著作に打ち込んでいた。だが気晴らしに出かけた近くのゴルフ場で心臓発作を起こし、突然逝ってしまった。

「わが最愛の夫は未完の仕事を残したまま天に召されましたが、あなたが日本で夫のことを文章に書いてくださったことを何より喜んでいると思います」

アイルランドから届いた夫人の手紙にはそう記されてあった。

あまりに精緻に近未来を言い当てた情報《インテリジェンス》は、打ち捨てられ、無視される。これがインテリジェンスの哀しい性なのだ。溢れんばかりの人間的魅力で敵側からも信頼された者が手に入れる情報。それは凡庸な人々の烈しい嫉妬を買ってしまう。これもまた情報《インテリジェンス》が持つ宿命なのである。

大英帝国の没落のゆえに、British eccentric種が絶滅の危機に瀕しているわけではない。かつて地上で戦われていた「グレート・ゲーム」はいま、主戦場をサイバースペースに移しつつある。一見するとさらなるスケールでＩＴの情報戦が繰り広げられているように見える。だが、そこでは生身の人間同士がじかに切り結ぶことはあまりに少ない。

インテリジェンス分野で使われる用語でいえば、シギント（通信情報）やイミント（画像情報）は溢れかえっている。しかし、肝心の情報戦士《インテリジェンス・オフィサー》が情報源に深く食い込んで持ち帰るヒューミントが稀薄になりつつある。本書に登場する「グレート・ゲーム」の系譜を継ぐ人々――。沙漠の民の友、シンジャン・フィルビー、カッコウを飼うマックスウェル・ナイト、エジプト王にカジノで勝負を挑むロニー・コーンウェルの面々は、抗しがたい人間的魅力を持つ、何とも愛すべき人々であった。

たとえ情報戦の主戦場がサイバースペースに移ろうとも、最後の勝負は、相手の懐深く飛び込んで信頼を勝ち得て、価値ある情報を入手できるか否かにかかっている。人間力を駆使して持ち帰る情報こそ、ダイヤモンドのような輝きを放つ。日本の若い読者には、本書からインテリジェンスのそんな本質を摑み取ってほしいと願っている。

おわりに本書の構想から仕上げまで、じつに的確に見届けてくださったマガジンハウスの鉄尾周一さんに心からお礼を申し上げたい。

蔵王・雛蔵にて

二〇一六年九月二〇日

夜も眠れないお薦めスパイ小説

インテリジェンス感覚を磨くための一〇選

『寒い国から帰ってきたスパイ』

●ジョン・ル・カレ＝著、宇野利泰＝訳／ハヤカワ文庫ＮＶ

若き日のイギリス外交官にしてスパイ、ル・カレが、ベルリンの壁の前に立って瞬時にストーリーを思いついたというスパイ小説。冷たい戦争の実相を背景に諜報戦の素顔を見事に描き出し、これを凌ぐ作品は生まれないと評された。イギリスと旧東ドイツの情報部が繰り広げる熾烈な暗闘のなかを行き交う二重スパイの本質を抉って読む者を魅了する。

『ヒューマン・ファクター』

●グレアム・グリーン＝著、加賀山卓朗＝訳／ハヤカワepi文庫

イギリス情報部にクレムリンのモグラが潜んでいた――。世紀の二重スパイ、キム・フィルビー事件に触発されて書かれたスパイ小説。極秘情報がソ連側に漏洩するのを防げ。情報部の首脳は秘密裏に二重

スパイの正体を追う。古株のカッスルはからくも嫌疑を免れ、派手な暮らしの同僚デイヴィスに疑惑の目が向けられる。自らも情報部の一員だった筆者が二重スパイに挑んだ傑作。

『ティンカー、テイラー、ソルジャー、スパイ』

●ジョン・ル・カレ＝著、村上博基＝訳／ハヤカワ文庫ＮＶ

ル・カレがキム・フィルビー事件を機に、英国情報部〝サーカス〟の中枢に潜むソ連の二重スパイに挑んだ作品。引退生活から呼び戻されたスパイマスター、スマイリーが、膨大な記録と関係者の証言から、クレムリンの二重スパイを突きとめていく。スパイ小説の頂を極めた三部作の第一弾。

『パーフェクト・スパイ（上）（下）』

●ジョン・ル・カレ＝著、村上博基＝訳／ハヤカワ文庫ＮＶ

ウィーンの英国大使館に勤務する情報部員ピムがある日姿を消した。父リックの死を告げる電話を受けた直後の出来事だった。英国情報部の上層部は、すぐさま調査チームを派遣し、ピムの自宅でチェコ製の写真複写機を発見する。その頃、ピムは英国の田園の隠れ家で、その数奇な半生について筆を執っていた。そこには驚嘆すべき父親の素顔が描かれていた。自伝的色彩が濃いル・カレの記念碑的作品。

『パナマの仕立屋』

●ジョン・ル・カレ＝著、田口俊樹＝訳／集英社

大運河を抱える小国パナマの仕立屋。この国にやってきたイギリスのスパイは、大統領から反政府派まで第一級の情報源を持つテイラーをエージェントに仕立て上げる。パナマ運河返還をめぐって、さまざまな策略が渦巻く小国で持ち上がった情報戦！ 冷戦後のエスピオナージをリアルに描いたル・カレの新境地にしてスパイ小説のニュー・ウエーブ。『テイラー・オブ・パナマ』のタイトルで、二〇〇一年に映画化。

『ウルトラ・ダラー』

●手嶋龍一＝著／新潮文庫

一九六八年、東京、若き彫刻職人が失踪した。それがすべての始まりだった。二〇〇二年、ダブリン、新種の偽一〇〇ドル札が発見される。巧緻を極めた紙幣は「ウルトラ・ダラー」と呼ばれることになった。英国情報部員スティーブン・ブラッドレーは、大いなる謎を追い、世界を駆けめぐる。ハイテク企業の罠、熾烈な諜報戦、そして日本外交の暗闇――。日本に初めて誕生したインテリジェンス小説。

『スギハラ・サバイバル』

●手嶋龍一＝著／新潮文庫

ヒトラーとスターリンの悪魔の盟約から逃れるため、ポーランドを離れ神戸に辿り着いたユダヤ人少年がいた。彼は極東の約束の地で生涯の友を得る。時は移り現代、英国情報部員スティーブンは、アメリカ人の捜査官コリンズと手を携えて金融市場に起きつつある巨大な異変を探り当てていく。すべては歴史に名を刻む外交官にしてインテリジェンス・オフィサー杉原千畝から始まっていた。

『影の巡礼者』

●ジョン・ル・カレ＝著、村上博基＝訳／ハヤカワ文庫（絶版）

引退してもなお伝説として光り輝く老情報部員スマイリー、新人を鍛える研修官ネッドが明かす、英国情報部の闘いの年代記。冷戦の最前線ベルリンから忽然と姿を消した気鋭のスパイ。カンボジアでクメール・ルージュに連れ去られた最愛の娘を求めて流離《さすら》う情報部のエージェント。それは情報戦に身を捧げてきたスパイたちの悲哀と感動に満ちた人生の物語でもあった。われらがスパイマスター、スマイリーが送る最後のメッセージ。

『針の眼』

●ケン・フォレット＝著、戸田裕之＝訳／創元推理文庫

第二次世界大戦下の英国にナチのスパイが潜入していた。その男の名はフェイバー。暗号名は「針」。暗殺の際に鋭い短剣を用いることからそう名付けられた。「針」ことフェイバーは、来るべき英米連合軍の上陸地点を探り出す密命を帯びていた。英国警察の追跡をかわして、ついに上陸地点はノルマンディーだと突き止める。機密情報を懐にフェイバーは小船で英国脱出を試みる。だが、暴風雨で離れ小島に漂着してしまう。その島には半身不随の灯台守とその家族が住んでいた。フェイバーは一家の世話になりながら英国脱出を試みるが、灯台守の妻と恋に落ちてしまう。

『鷲は舞い降りた』

●ジャック・ヒギンズ＝著、菊池光＝訳／ハヤカワ文庫NV

第二次世界大戦で連合国軍を率いて戦う英国首相ウィンストン・チャーチル卿を拉致せよ――。特命を受けたナチス・ドイツ軍の落下傘部隊の物語だ。舞台設定はすべて現実のまま。英国人の血を引き、完璧な英語を話す諜報員は、ひたひたとチャーチルが週末を過ごす邸に迫っていく。さてチャーチルの運命やいかに。フォーサイス著の『ジャッカルの日』と同じ系譜に属する、現実の歴史に主人公が舞い降りていく物語だ。

〈番外編〉

『少年キム(上)(下)』

●ラドヤード・キプリング＝著、三辺律子＝訳／岩波少年文庫

作品の舞台はイギリスとロシアの「グレート・ゲーム」が戦われていた19世紀の旧英領インド。イギリス人の孤児キムは、チベットから来たラマ僧と〈矢の川〉を探す旅に出る。やがて天性のスパイの才を見出されたキムは、大国の覇権争いのただなかに身を投じていく。天才キプリングが少年の数奇な運命を描き、インドの豊かな風景と多彩な人々を活写した大河冒険小説。

参考文献

単行本

・ロベール・ギラン著／矢島翠訳『アジア特電1937～1985過激なる極東』一九八八年、平凡社
・ベン・マッキンタイアー著／小林朋則訳『キム・フィルビー～かくも親密な裏切り～』二〇一五年、中央公論新社
・ジョン・ル・カレ著／村上博基訳『影の巡礼者』一九九一年、早川書房
・ジョン・ル・カレ著／村上博基訳『パーフェクト・スパイ 上・下』一九八七年、早川書房
・ジョン・ル・カレ著／田口俊樹訳『パナマの仕立屋』一九九九年、集英社
・ジョン・ル・カレ著／加賀山卓朗訳『誰よりも狙われた男』二〇一三年、早川書房
・ジョン・ル・カレ著／上岡伸雄＋上杉隼人訳『われらが背きし者』二〇一二年、岩波書店
・ベン・マッキンタイアー著／小林朋則訳『ナチを欺いた死体～英国の奇策・ミンスミート作戦の真実～』二〇一一年、中央公論新社
・ベン・マッキンタイアー著／小林朋則訳『英国二重スパイ・システム～ノルマンディー上陸を支えた欺瞞作戦～』二〇一三年、中央公論新社
・キース・ジェフリー著／髙山祥子訳『MI6秘録～イギリス秘密情報部1909-1949～ 上・下』二〇一三年、筑摩書房
・丸谷才一著『ロンドンで本を読む』二〇〇一年、マガジンハウス
・イブラヒム・ワルド著／立木勝訳『対テロ金融戦争の虚妄』二〇〇八年、三交社
・ジェフリー・ロバーツ著／松島芳彦訳『スターリンの将軍 ジューコフ』二〇一三年、白水社
・ロベール・ギラン著／三保元訳『ゾルゲの時代』一九八〇年、中央公論社
・スチュアート・D・ゴールドマン著／山岡由美訳『ノモンハン１９３９』二〇一三年、みすず書房
・白井久也著『ゾルゲ事件の謎を解く～国際諜報団の内幕～』二〇〇八年、社会評論社
・ニコラス・シャクソン著／藤井清美訳『タックスヘイブンの闇～世界の富は盗まれている！～』二〇一二年、朝日新聞出版

・向井敏著『探偵日和』一九九八年、毎日新聞社
・ルーク・ハーディング著／三木俊哉訳『スノーデンファイル』二〇一四年、日経BP社
・デヴィッド・リー＋ルーク・ハーディング著／月沢李歌子 島田楓子訳『ウィキリークス WikiLeaks アサンジの戦争』二〇一一年、講談社
・G・グリーン著／伊藤整訳『キリスト教文学の世界8 事件の核心』一九七七年、主婦の友社
・マーク・オーウェン＋ケヴィン・マウラー著／熊谷千寿訳『アメリカ最強の特殊戦闘部隊が「国家の敵」を倒すまで』二〇一四年、講談社
・ダニエル・ドムシャイト-ベルク著／赤根洋子＋森内薫訳『ウィキリークスの内幕』二〇一一年、文藝春秋
・バスティアン・オーバーマイヤー＋フレデリック・オーバーマイヤー著／姫田多佳子訳『パナマ文書』二〇一六年、KADOKAWA
・ダグラス・ファラー著／竹熊誠訳『テロ・マネー～アルカイダの資金ネットワークを追って～』二〇〇四年、日本経済新聞社
・エリック・リヒトブラウ著／徳川家広訳『ナチスの楽園～アメリカではなぜ元SS将校が大手を振って歩いているのか～』二〇一五年、新潮社
・グレン・グリーンウォルド著／田口俊樹＋濱野大道＋武藤陽生訳『暴露～スノーデンが私に託したファイル～』二〇一四年、新潮社
・ハリソン・E・ソールズベリー著／後藤洋一訳『われらが時代への長い旅路 上・下』一九九二年、時事通信社
・手嶋龍一＋佐藤優著『インテリジェンスの最強テキスト』二〇一五年、東京堂出版
・スティーブ・コール著／木村一浩＋伊藤力司＋坂井定雄訳『アフガン諜報戦争～CIAの見えざる戦い ソ連侵攻から9・11前夜まで～ 上・下』二〇一一年、白水社
・ジェイムズ・バムフォード著／瀧澤一郎訳『すべては傍受されている～米国国家安全保障局の正体～』二〇〇三年、角川書店
・ダグラス・フランツ＋キャスキン・コリンズ著／早良哲夫訳『核のジハード～カーン博士と核の国際闇市場～』二〇〇九年、作品社
・B・ジャック・コープランド著／服部桂訳『チューリング～情報時代のパイオニア～』二〇一三年、NTT出版
・フレッド・B・クリン著／松田和也訳『暗号解読事典』二〇一三年、創元社
・ヒュー・S＝モンティフィオーリ著／小林朋則訳『エニグマ・コード～史上最大の暗号戦～』二〇〇七年、中央公論新社
・ガブリエル・ズックマン著／林昌宏訳『失われた国家の富～タックス・ヘイブンの経済学～』二〇一五年、NTT出版
・みすず書房編集部編『ゾルゲの見た日本』二〇〇三年、みすず書房

●松橋忠光、大橋英雄著『ゾルゲとの約束を果たす〜真相ゾルゲ事件〜』一九八八年、オリジン出版センター
●ボブ・ドローギン著／田村源二訳『カーブボール 〜スパイと、嘘と、戦争を起こしたペテン師〜』二〇〇八年、産経新聞出版

選書・新書・文庫

●ジョン・ル・カレ著／村上博基訳『スマイリーと仲間たち』一九八七年、ハヤカワ文庫ＮＶ、早川書房
●ジョン・ル・カレ著／菊池光訳『ティンカー、テイラー、ソルジャー、スパイ』一九八六年、ハヤカワ文庫ＮＶ、早川書房
●ジョン・ル・カレ著／村上博基訳『スクールボーイ閣下 上・下』一九八七年、ハヤカワ文庫ＮＶ、早川書房
●ジョン・ル・カレ著／村上博基訳『パーフェクト・スパイ 上・下』一九九四年、ハヤカワ文庫ＮＶ、早川書房
●ジョン・ル・カレ著／村上博基訳『影の巡礼者』一九九七年、ハヤカワ文庫ＮＶ、早川書房
●ジョン・ル・カレ著／宇野利泰訳『ドイツの小さな町 上・下』一九九〇年、ハヤカワ文庫ＮＶ、早川書房
●ジョン・ル・カレ著／宇野利泰訳『死者にかかってきた電話』一九七八年、ハヤカワ文庫ＮＶ、早川書房
●ジョン・ル・カレ著／宇野利泰訳『寒い国から帰ってきたスパイ』一九七八年、ハヤカワ文庫ＮＶ、早川書房
●ジョン・ル・カレ著／村上博基訳『ロシア・ハウス 上・下』一九九六年、ハヤカワ文庫ＮＶ、早川書房
●劉建輝著『魔都上海〜日本知識人の「近代」体験〜』二〇一〇年、ちくま学芸文庫、筑摩書房
●リヒアルト・ゾルゲ著『ゾルゲ事件 獄中手記』二〇〇三年、岩波文庫、岩波書店
●手嶋龍一著『宰相のインテリジェンス〜9・11から3・11へ〜』二〇一三年、新潮文庫、新潮社
●手嶋龍一著『スギハラ・サバイバル』二〇一二年、新潮文庫、新潮社
●手嶋龍一著『インテリジェンスの賢者たち』二〇一〇年、新潮文庫、新潮社
●手嶋龍一＋佐藤優著『知の武装〜救国のインテリジェンス〜』二〇一三年、新潮新書、新潮社
●手嶋龍一＋佐藤優著『賢者の戦略〜生き残るためのインテリジェンス〜』二〇一四年、新潮新書、新潮社
●村松友視著『薔薇のつぼみ〜宰相・山本権兵衛の孫娘〜』一九八六年、集英社文庫、集英社

Bibliography

- グレアム・グリーン著／加賀山卓朗訳『ヒューマン・ファクター』二〇〇六年、ハヤカワepi文庫、早川書房
- グレアム・グリーン著／上岡伸雄訳『情事の終り』二〇一四年、新潮文庫、新潮社
- グレアム・グリーン著／小津次郎訳『第三の男』二〇〇一年、ハヤカワepi文庫、早川書房
- ロアルド・ダール著／永井淳訳『単独飛行』二〇〇〇年、ハヤカワ・ミステリ文庫、早川書房
- ロアルド・ダール著／田村隆一訳『オズワルド叔父さん』一九九一年、ハヤカワ・ミステリ文庫、早川書房
- ラドヤード・キプリング著／三辺律子訳『少年キム 上・下』二〇一五年、岩波少年文庫、岩波書店
- アンソニー・マスターズ著／永井淳訳『スパイだったスパイ小説家たち』一九九〇年、新潮選書、新潮社
- T・E・ロレンス著／柏倉俊三訳『完全版 知恵の七柱1〜5』一九七一年、東洋文庫、平凡社
- 高橋昌一郎著『ノイマン・ゲーデル・チューリング』二〇一四年、筑摩選書、筑摩書房
- 石井花子『人間ゾルゲ』二〇〇三年、角川文庫、角川書店

Books

- Bird, Kai, The Good Spy: *The Life and Death of Robert Ames* (New York: Crown Publishers, 2014)
- Domscheit-Berg, Daniel, *Inside WikiLeaks* (New York: Crown Publishing Group, 2011)
- Farah, Douglas, *Blood from Stones: The Secret Financial Network of Terror* (New York: Broadway Books, 2004)
- Goldman, Stuart D., *Nomonhan, 1939* (Annapolis: Naval Institute Press, 2012)

- Greene, Graham, *The End of the Affair* (London: Penguin Books, 2004)
- —— *The Third Man* (London: Penguin Books, 1999)
- —— *The Human Factor* (London: The Bodley Head, 1978)
- Greenwald, Glenn, *No Place to Hide* (New York: Metropolitan Books, 2014)
- Guillain, Robert, *Orient Extrême, une vie en Asie* (Paris: Seuil,1986)
- —— *Léspion qui sauva Moscou: L'affaire Sorge racontée par un témoin* (Paris: Seuil, 1980)
- Jeffery, Keith, *MI6: The History of the Secret Intelligence Service 1909-1949* (London: Bloomsbury, 2010)
- Kipling, Rudyard, *Kim* (London: Puffin Books; Rep Una edition, 2011)
- Le Carré, John, *A Perfect Spy* (London: Hodder & Stoughton, 1986)
- —— *The Tailor of Panama* (London: Hodder & Stoughton, 1996)
- —— The Secret Pilgrim (London: Hodder & Stoughton, 1990)
- —— *Tinker, Tailor, Soldier*, Spy (London: Hodder & Stoughton, 1974)
- —— *Smiley's People* (London: Hodder & Stoughton, 1979)
- —— *The Honorable Schoolboy* (London: Hodder & Stoughton, 1977)
- Lichtblau, Eric, *The Nazis Next Door: How America Became a Safe Haven for Hitler's Men* (Boston: Houghton Mifflin Harcourt, 2014)
- Macintyre, Ben, *A Spy among Friends : Kim Philby and the Great Betrayal* (London: Bloomsbury, 2014)
- —— *Operation Mincemeat* (London: Bloomsbury, 2010)
- Masters, Anthony, *Literary Agents: The Novelist as Spy* (Oxford: Basil Blackwell, 1987)
- Obermayer, Bastian, and Frederik Obermaier, *Panama Papers : Breaking the Story of How the Rich and Powerful Hide Their Money* (London: Oneworld, 2016)

- Owen, Mark, and Kevin Maurer, *No Easy Day : The Firsthand Account of the Mission That Killed Osama Bin Laden* (New York: Dutton Penguin, 2011)
- Salisbury, Harrison E., *A Journey for Our Times : A Memoir* (New York: Harper & Row, 1983)
- Shaxson, Nicholas, *Treasure Islands: Tax Havens and the Men Who Stole the World* (London: The Bodley Head, 2011)
- Volodarsky, Boris, *Stalin's Agent: The Life and Death of Alexander Orlov* (Oxford: Oxford University Press, 2015)
- Warde, Ibrahim, *The Price of Fear: Al-Qaeda and the Truth behind the Financial War on Terror* (London: I.B. Tauris & Co, 2007)
- West, Nigel, *Double Cross in Cairo* (London: Biteback Publishing, 2015)

Periodicals

- Carvajal, Doreen, "Owner of a Modigliani Portrait Is Adamant the Work Isn't Nazi Loot." *New York Times*, June 12, 2016
- Chakelian, Anoosh, "Cuckoos, le Carré and conservation: the forgotten files of the real-life M." The *New Statesman*, November 13, 2015
- Copping, Jasper, "Spy who inspired George Smiley accused John le Carré of 'giving comfort' to Britain's enemies." *Telegraph*, March 5, 2014
- Copping, Jasper, Ben Farmer and Hayley Dixon, "John le Carré on the inspiration for George Smiley." *Telegraph*, March 4, 2014
- Garner, Dwight, "John le Carré has not mellowed with age." *New York Times Magazine*, April 18, 2013
- Grieve, Dominic, "Obituaries: The Rev V.H.H. Green." *Independent*, January 25, 2005
- Hamilton, Martha, "Who are Mossack Fonseca?" *Irish Times*, April 3, 2016
- Harrison, Richard, "The Rev Vivian Green. Renowned medieval historian and model for fictional spymaster George

Smiley." *Guardian*, March 5, 2005

- Hille, Kathrin and Courney Weaver, "Links with Putin made Bank Rossiya prime US sanctions target." *Financial Times*, March 21, 2014
- Hiscock, John, "Julian Assange: my life in the embassy." *Telegraph*, October 14, 2013
- John le Carré, "In Ronnie's Court: A son's criminal pursuit." *New Yorker Magazine*, February 18, 2002
- Lee, Kate, "Julian Assange: A Year in the'space station'." *Mail & Gardian*, posted June 16, 2013
- Leith, Sam, "My role in father's fraud, by Le Carré." *Telegraph*, February 4, 2002
- Macdonald, Helen, "Nest of Spies." *Aeon*, February 26, 2013
- ——"Spies in the sky: Helen Macdonald on how birds reflect our national anxieties." *Guardian*, May 12, 2015
- Panama Papers reporting team, "The Russian President's best friend portrays himself as a modest musician, but leaked documents reveal his role in a secret money-go-round."*Guardian*, April 3, 2016
- ——"As Panama Papers shine light on offshore world, takes a closer look at company exploiting tropical tax havens." *Guardian*, April 8, 2016
- Perkins, Ed, "Why le Carre's father went to jail." *Daily Echo*, August 16, 2011
- Sands, Philippe, "Conversation with John le Carré." *Financial Times*, September 6, 2013
- Serrill, Michael S, "Panama Noriega's Money Machine". *Time*, January 24, 2001
- Slack, James, "Spy who smoked out Britain's Nazis: Lone hero codenamed Jack King posed as agent of Hitler to trick hundreds of Fifth Columnists." *Daily Mail*, February 28, 2014
- Tisdall, Simon, "Why Manuel Noriega became America's most wanted". *Guardian*, April 28, 2010
- Tonkin, Boyd, "John le Carré: The spy master." *Independent*, September 21, 2011
- Tran, Mark, "Manuel Noriega - from US friend to foe". *Guardian*, April 27, 2010

- Tweedie, Niel, "George Smiley was my father." *Telegraph*, March 7, 2014
- Venning, Annabel, "Dark secret life of the original M." *MailOnline*, March 13, 2014

- "The Reverend Vivian Green." *Telegraph*, January 26, 2005
- "The Rev. Vivian Green, 89, Model for le Carré's Smiley." *The Sun*, January 27. 2005
- "The spy who came in from the Cold War." *Irish Times*, September 13, 2011
- "John le Carré warns of threat posed by secret services to democracy." *Guadian*, March 5, 2014
- "John Bingham, 7th Baron Clanmorris." *Wikipedia*, retrieved September 7, 2016
- "Mary Marita Margaret Perigoe alias Brahe." KV 2/3800, *The National Archives*, U.K.
- "John le Carré, The Art of Fiction No.149 (interviewed by George Plimpton)." *Paris Review*, May 19, 2012
- "Law firm at heart of Panama Papers leak owned by Nazi's son." *The Times of Israel*, April 4, 2016
- "Swiss Prosecutors Seize Modigliani Painting Owned by David Nahmad from Genève Storage Facility," *ARTFORUM*, posted April 11, 2016
- "Charles Maxwell Knight." *Spartacus Educational*. Retrieved September 11, 2016
- "Manuel A. Noriega" *Encyclopedia of World Biography*. Retrieved September 10, 2016
- "United States Invasion of Panama" *Wikipedia*. Retrieved August 12, 2016

※英文は著者訳、仏文は本文中に訳者名を記してあります。

手嶋龍一《てしま・りゅういち》

外交ジャーナリスト・作家。一九四九年、北海道生まれ。NHKワシントン特派員として冷戦の終焉に立ち会い、FSX・次期支援戦闘機を巡る日米の暗闘を描いた『たそがれゆく日米同盟』、続いて湾岸戦争時の日本外交の迷走ぶりを衝いた『外交敗戦』(ともに新潮文庫)を発表。ワシントン支局長として二〇〇一年の同時多発テロに遭遇し、十年に及ぶ対テロ戦争を追った『ブラック・スワン降臨』(後に『宰相のインテリジェンス』として新潮文庫に収録)を上梓。NHKから独立後に発表したインテリジェンス小説『ウルトラ・ダラー』、その姉妹編にあたる『スギハラ・サバイバル』はベストセラーに。慶應義塾大学教授としてインテリジェンス論を講じ、現在も各地の大学や公的機関で後進の指導に取り組んでいる。

汝《なんじ》の名《な》はスパイ、裏切《うらぎ》り者《もの》、あるいは詐欺師《さぎし》

インテリジェンス畸人伝《きじんでん》

二〇一六年一一月一七日　第一刷発行
二〇一六年一二月一三日　第四刷発行

著者　手嶋龍一

発行者　石﨑　孟

発行所　株式会社マガジンハウス
〒一〇四-八〇〇三　東京都中央区銀座三-一三-一〇　書籍編集部☎〇三-三五四五-七〇三〇　受注センター☎〇四九-二七五-一八一一

ブックデザイン　鈴木成一デザイン室

印刷・製本所　中央精版印刷株式会社

 ISBN978-4-8387-2896-1 C0095